手作包基本功

暢銷增訂版 2

超基礎 × 超詳解
手作包入門祕訣一次公開！

完整作法步驟超圖解！

梅谷育代◎著

CONTENTS

LESSON

標示LESSON 的作品為全圖解教學。

北歐圖案手作包

厚底書袋

托特包

便當袋

33
19
13
23

〔 拉鍊袋口 〕
（附保冷裡袋）
P.48
LESSON

多功能手提包

30
18
11
23

P.52 LESSON

包袱式便當袋

攤開尺寸：寬47cm×長47cm

P.77 LESSON

祖母包

38
28
46
10

P.58
LESSON

旅行包＆收納小袋

60
22
32
33
18
36
53

P.62 LESSON

束口袋

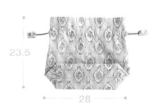

23.5
28

P.74 LESSON

布小物四件組

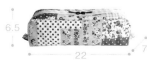
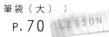
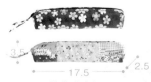

10
15
6

〔 波奇包 〕
P.68 LESSON

36
21
21

〔 迷你手提袋 〕
P.67 LESSON

6.5
22
7

〔 筆袋（大）〕
P.70 LESSON

3.5
17.5
2.5

〔 筆袋（小）〕
P.72 LESSON

工具 & 材料　　工具提供／Clover

縫紉機

可進行直線車縫及Z字型車縫的機種。

熨燙工具

①熨斗…蒸氣式熨斗較為方便。
②噴霧器…整理布紋或貼合布襯時使用。
③熨斗台

剪刀

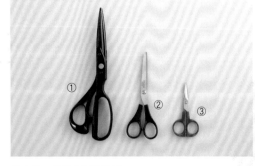

①布剪…裁剪布料時使用。
②紙剪…裁剪紙型等材料時使用。
③線剪…剪斷線材或進行細部作業時使用。

其他工具

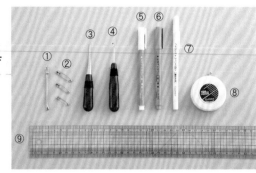

①穿繩器…用來穿線或鬆緊帶等材料。
②安全別針…用來代替穿繩器。
③錐子…整理布角,或是車縫時推送布料。
④拆線器…方便拆線時使用。
⑤粉土筆(細)…描繪裁切線及縫線。選用沾水即可清
　　　　　　　　除的類型更佳。
⑥粉土筆(粗)…用來描繪更確實的線條。
⑦熨斗用粉土筆(白色)…用於深色布面標註記號。
⑧捲尺…用來測量布面尺寸,也便於測量圓弧處。
⑨直尺…選用長度50cm帶方眼刻度的直尺,以利於繪
　　　　圖作業。

滾輪裁刀

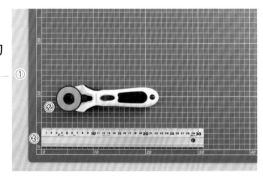

①切割墊…以裁刀進行切割作業時,墊於布料下方。
②滾輪裁刀…能筆直、漂亮且快速地切割布料。
③安全切割尺…以裁刀進行切割時,可防滑而不導致失
　　　　　　　敗。

若用布剪來剪紙,容易讓剪刀鈍化,而影響布面的切口。因此,請分別準備布料及紙張專用的剪刀喔!

針

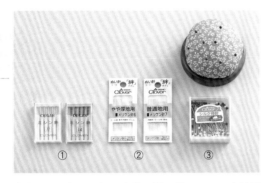

①車縫針…車縫一般厚度的布料,使用9至11號針即
可。針號越大,越適合厚質布料。
②手縫針…用於進行藏針縫,或是縫紉機無法車縫的手
工作業。
③珠針…細珠針的針頭是玻璃製,因此可耐熨燙。由於
針體十分纖細,用來固定布料也很方便。

車縫線

若要車縫一般布料,選用50至60號的車縫線即可,特
別推薦堅固耐用、顏色種類繁多的聚酯纖維線。如上
圖,車縫主色調較明顯的布料時,就選用同色系的線
材;有些線材在車縫後,顏色會變得比原本捲起來的時
候淺,如果不知道該選哪一種顏色,就選較深色的款式
吧!此外,使用原色線材的機會也很多,如果手邊有原
色線材,也可以試著搭配看看喔!

拉鍊

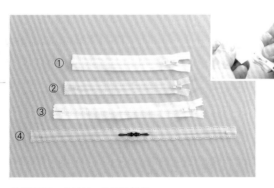

開口式拉鍊在鈕頭
拉到底時會分開,
請先確認後再購買
喔!

①膠牙開口式拉鍊　②平紋拉鍊
③樹脂拉鍊　④雙開式蕾絲拉鍊

釦環・
口金……

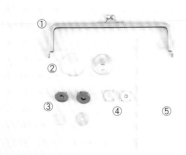

①口金　②包釦　③磁釦
④手縫式磁釦　⑤魔鬼氈

細繩&織帶

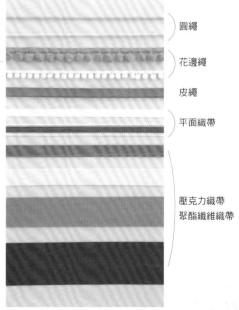

圓繩

花邊繩

皮繩

平面織帶

壓克力織帶
聚酯纖維織帶

布料的準備

布料特質

裁剪布料之前，先橫向、直向地拉拉看以辨別布紋，較不易變形的方向為直布紋，一般依直布紋方向裁布。
若使用布料製作提把，也請務必依直布紋剪裁。

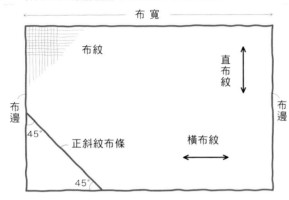

直布紋…織布時經線的方向。彈性低。
橫布紋…織布時緯線的方向。彈性較直布紋高。
布邊…布面的左右兩端。
布寬…從布邊到布邊之間的寬度。
斜布紋…以45度角剪裁下的布料，稱為「斜紋布料」。斜紋布料具有最佳的伸縮性，剪裁成帶狀之後就是「斜紋布條」，適合作為包邊。

布料的準備（整理布紋）

進行裁剪前，為了防止布紋歪斜或縮水，需先調整布紋和經緯線的角度，使經緯線互呈直角。

〔棉布〕

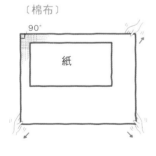

①以噴霧器充分噴濕布料，對齊紙張的角度，以手拉整成為直角。

②沿著布料背面的紋路，以熨斗熨壓燙平。直到降溫後才能移動布料。

〔麻布〕

①摺疊布料，放入水桶或臉盆中充分浸濕，約一個小時。

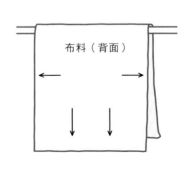

②輕輕扭乾水分，再以布紋垂直的狀態掛在竹竿上陰乾。
③與棉布的處理步驟①相同，拉整布紋。
④與棉布的處理步驟②相同，以熨斗熨壓燙平。

**辨別布料
正面&背面**

〔可明顯辨別的布料〕

〔無法清楚辨別的布料〕

若布邊上印有文字，字是正面的就是布的正面。

若布邊上有許多像是針刺過的小洞，洞口凸起的一側就是正面。

布料圖樣

觀察布面，如果布料的圖樣有上下之分，那麼無論是剪裁或縫製時都要小心，別弄反了包包前後的花樣。而布料所需的用量，也可能有所變化。

若布料的圖樣較大，就考量會出現在包包中心的圖樣，再剪裁適當範圍的布料。由於所需的用量可能較大，還有修正用量，必須多採買一些布料。

尺寸估算

即使是製作相同尺寸的包包，以不同的方式裁剪布料，其使用量也有所差異。尤其選用圖樣較大的布料，製作時必須對齊圖樣。因此在選購布料時，請務必牢記唷！

縫份預留1cm、袋口預留2cm，均為內摺兩次的摺份。

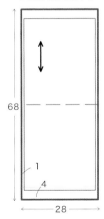

●底部相連裁剪時

●左右分別裁剪時

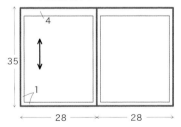

●側邊相連裁剪時

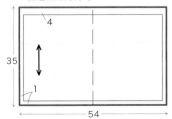

縫份標記

本書所刊載的作品，縫份大多為1cm。包包袋口、口袋袋口處，則取往內摺兩次後的長度。

〈例〉

防水布處理技巧

布料重疊時

基本上不使用珠針，而是使用固定夾、布用雙面膠或透明膠帶。

固定夾
摺疊布料後，以夾子固定。車縫時，就一邊卸下夾子，一邊車縫。

長尾夾

工藝用固定夾

布用雙面膠
使用布用雙面膠帶時，要等到要車縫前才撕開黏合。

透明膠帶
想要暫時固定平面布料時，就使用透明膠帶貼合。（但勿長時間貼合固定）

車縫時若沾到雙面膠，膠會沾黏針尖，有點麻煩喔！

珠針
若不得已必須使用，就別在縫線或裡側（完成後表面看不出穿孔）的地方。

車縫時

以鐵氟龍壓布腳（皮革壓布腳）代替一般壓布腳，進行車縫作業。若車縫困難，就在壓布腳和金屬面塗抹矽力康潤滑筆吧！也有防水布專用的車縫線，可以使用看看喔！

防水布車線

鐵氟龍壓布腳　　　　矽力康

保存方法

由於防水布無法以熨斗熨燙整理，因此為了不讓布料產生皺褶，請捲成圓筒狀保存。在布店購買時，也請捲好再帶回家喔！

自製防水布

無光澤膠膜

①剪裁防水膠膜，貼在布料的正面。

②熨斗調至中溫，熨壓防水膠膜。

③待完全降溫後，剝除離形紙。

④如圖所示，左為黏貼防水膠膜前，右為製作完成的防水布。

布 襯 & 底 板

布 襯

「布襯」是一種已事先塗上接著劑的襯芯。只要加以熨燙，就能進行貼合，可防止布料伸縮，維持手作包的形狀並提升耐用度。

①布襯（中等）　　　　②包包專用布襯（輕軟型）　③彈性布襯
　本書所使用的布襯（厚質）　本書所使用的布襯（中厚）　本書所使用的布襯（薄質）

＊①②由Earlys Print提供，③則由Clover提供。

〔 布 襯 的 黏 貼 方 法 〕

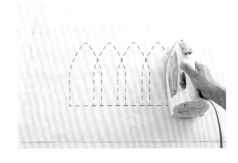

布的背面與布襯的粗糙面
重疊後，以中溫（130℃
至150℃）熨燙。過程不可滑
動熨斗，以按壓的方式貼
合，在完全冷卻前不可移動
布面。

底 板

可使用厚紙板或墊板當作包包底板，也可以選購市售的底板，不僅美觀大方，使用也很方便。

直接切割

直接切割後，稍微修剪四個
角，使其成為圓弧狀。

以布料包捲

以布料包捲底板，再以雙面
膠貼合布料接合處。

作法POINT

裁切

裁剪布料時,雖然也可以使用布剪,但滾輪裁刀可協助我們更為快速而漂亮地切割,十分推薦唷!

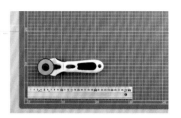

①準備滾輪裁刀、切割墊及直尺。

②直尺上的止滑墊,可以防止直尺滑動,十分方便。

③裁刀緊靠直尺呈直角,從身體側往前推,一氣呵成地切割布料。

珠針的固定方法

別珠針時,須與縫線呈直角穿入,依下圖的號碼順序加以固定。

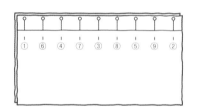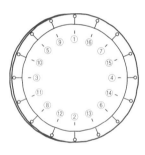

應該記住的裁縫術語

正面相對

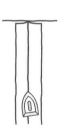

熨開縫份

車縫邊緣

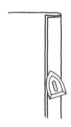

縫份倒向單側

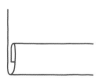

摺成三褶

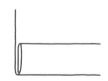

內摺兩次

在縫合返口或無法車縫的部分時，就以手縫處理。

手縫

始縫——以縫衣針打結

①將線纏繞縫針二至三圈。

②以大姆指及食指壓住捲線處，抽出縫針。

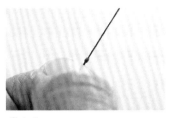

③完成。

始縫——以手指打結

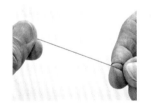

①線纏繞食指一圈。

②食指往箭頭方向移動，搓捻縫線。

③以大姆指及食指夾住搓捻好的線圈，抽出縫線。

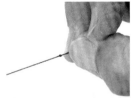

④完成。

平針縫

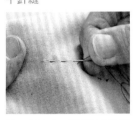

以0.3至0.4cm間距固定地縫製。

全回針縫

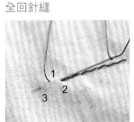

只要縫了一針，下一針就必須穿回前一個針孔，再次縫製一次。由於這個技巧和車縫類似，因此適合需要代替車縫時使用。

匚字型對針縫

①適合用於縫合返口。將針平行插入對面布料的摺線縫一針。

②再將針平行插入靠近自己一邊的布料摺線。重複進行①和②的作法。

終縫——線頭打結

①將針貼近終縫處，以手指壓住，纏繞縫線二至三圈。

②壓住捲線處，抽出縫針。

③完成。

北歐圖案手作包

〔托特包 〕

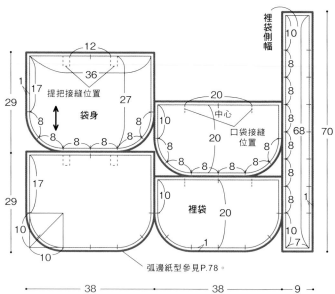

裡袋側幅

10
8
8
8
68 70
8
8
8
1
10
7

12
36
1 17
提把接縫位置
袋身 27
29
8 8
8
8 8 8

20
中心
10 口袋接縫
20 位置
8
8 8 8 8

17
10
29
裡袋 20
10
10
1
10

弧邊紙型參見P.78。

38 —— 38 —— 9

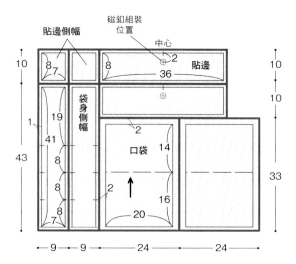

貼邊側幅
磁釦組裝位置
中心
10
8 7
8 2 貼邊
36

袋身側幅
1 19
43 41 口袋 14
2
2 16
8 20
8
7

9 — 9 — 24 —— 24

10
10
33

※側幅若使用圖案無上下方向之分的印花布，
可直接裁剪不需接縫。

〔完成尺寸〕
寬36cm×長27cm×側幅7cm×提把32cm

〔材料〕
原色布　寬85cm×長70cm
印花布　寬66cm×長53cm
布襯　寬56cm×長78cm
提把（寬2cm×長38cm）　1組
直徑1.8cm的磁釦　1組

1．裁剪布料

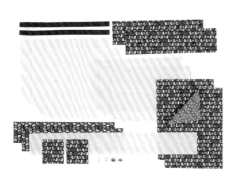

①以鉛筆或粉土筆在布上描繪裁切線，裁剪布料。

②以粉土筆在背面描繪車縫線。（需黏貼布襯時，貼完再畫。）

此作品使用雙面印花布。

2．貼上布襯

①將袋身、袋身側幅、貼邊、貼邊側幅貼上布襯。

3．製作口袋

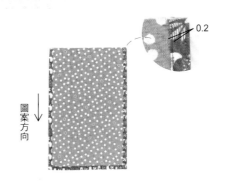

圖案方向

0.2

①先將下端內摺兩次車縫，接著將左右端內摺兩次車縫。

②背面相對摺疊後，車縫固定兩側邊。以相同作法製作兩個。

4．製作袋身側幅

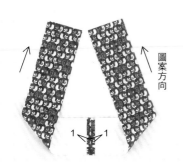

圖案方向

1 1

①袋身側幅正面相對車縫接合，再熨開縫份。

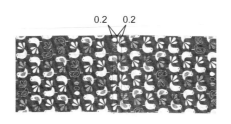

0.2 0.2

②自表側於接合線左右0.5cm處車縫壓線。

POINT

如果使用的布料沒有方向性，以一片布裁剪完整的袋身側幅即可。

5．製作袋身

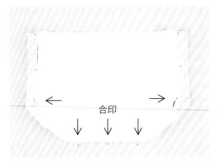

①袋身與袋身側幅正面相對，對齊直線部分的合印＆以待針固定。

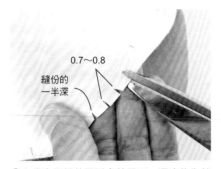

②在袋身側幅的圓弧處剪牙口，深度約為縫份的一半，間距為0.7至0.8cm左右。（注意不要剪到袋身。）

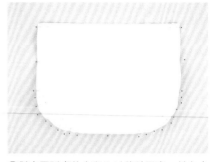

③對齊圓弧處的合印＆以待針固定，並在合印之間再以數根待針固定。

④自袋身上端開始進行縫合。

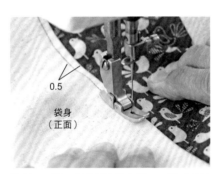

⑤翻至正面，縫份倒向袋身側，一邊以手拉平袋身與袋身側幅，一邊車縫壓線。

⑥車縫壓線一圈。另一側作法亦同，並依完成尺寸摺疊袋口的縫份。

6．製作裡袋

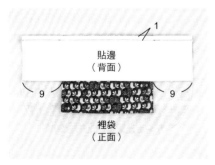

①依序疊放裡袋（正面）、口袋、貼邊（背面）後，縫合固定。

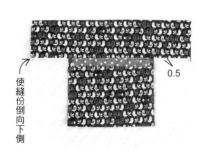

②貼邊向上翻起，使縫份倒向下側，並在距邊0.5cm處車縫壓線。另一片也依相同方式製作。

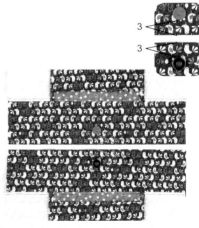

③在貼邊處安裝磁釦。（參見P.39）

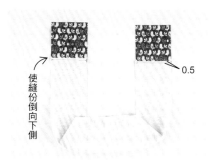

使縫份倒向下側

0.5

④縫合裡袋側幅與貼邊側幅，使縫份倒向下側，並在距邊0.5cm處車縫壓線。

⑤依袋身的製作要領，縫合裡袋＆裡袋側幅。

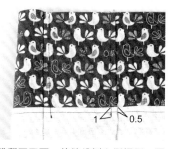

1　0.5

⑥將裡袋翻至正面，使縫份倒向側幅側，再沿著裡袋貼邊車縫壓線固定。

7．縫合袋身＆裡袋

⑦裡袋翻至背面，依完成尺寸摺疊袋口縫份。

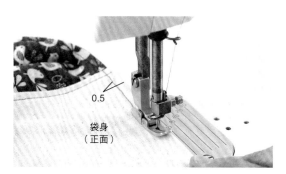

0.5

袋身
（正面）

⑤將裡袋放進袋身內，在距離袋口邊端0.5cm處車縫壓線一圈。

8．接縫提把

3

①取縫鈕釦等的堅固縫線1股，如圖所示進行平針縫。

②反向回縫，將針腳填滿。

接縫提把的針法是平針縫，
上、下、上、下，
一針針地縫。

北歐圖案手作包

〔手拿包 〕

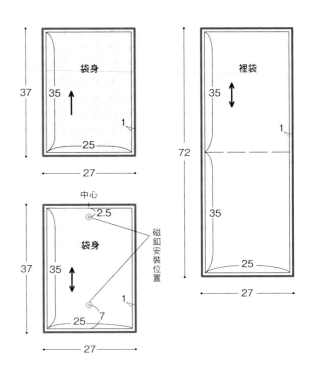

〔完成尺寸〕
寬25cm×長20cm（展開時為35cm）

〔材料〕
布料　袋身　寬27cm×長37cm　2片
　　　裡袋　寬27cm×長72cm
布襯　寬54cm×長36cm
直徑1.8cm的磁釦　1組
24cm拉鍊　1條

1.裁剪布料

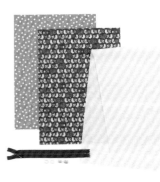

①以鉛筆或粉土筆在布上描繪裁切線，裁剪布料。
②以粉土筆在背面描繪車縫線。
（需黏貼布襯時，貼完再畫。）

2．貼上布襯

①將兩片袋身貼上布襯，但上端預留1cm不貼。

3．摺疊上端

①以熨斗燙摺上端1cm未貼襯的部分（此為接縫拉鍊口）。

4．接縫拉鍊

①將一片袋身背面朝下置於拉鍊上，車縫固定。

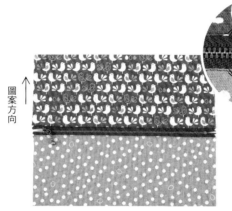

圖案方向

②另一片袋身也依相同方式重疊車縫。

接縫拉鍊時，
要一邊移動拉鍊的拉頭
以錯開縫紉機的壓布腳，
一邊進行車縫。

5．組裝磁釦

①自正面在安裝磁釦的位置作記號。

②安裝磁釦。（參見P.39）

6. 縫製袋身

①正面相對疊合，車縫兩脇邊與袋底。

②將拉鍊打開。

③將任一側的袋底邊角剪去一個三角形。
（目的在於減少布片重疊的厚度，以呈現
漂亮邊角。）

7. 縫製裡袋

①裡袋正面相對摺疊，車縫兩脇邊。

②熨開縫份，以熨斗燙摺袋口。

8. 縫合袋身 & 裡袋

多縫幾針

①袋身翻至正面整理形狀，再將裡袋放進袋
身內，取手縫線以藏針縫縫合。

縫合時要覆蓋住
拉鍊的車縫線。

北歐圖案手作包

〔厚底斜背包〕

〔基本款〕

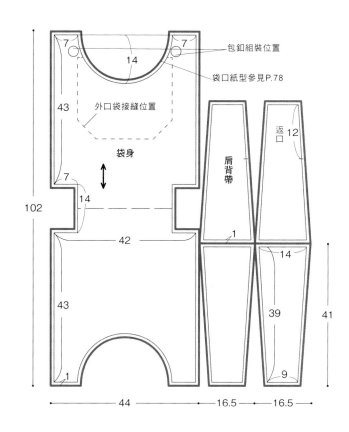

- 7　7　包釦組裝位置
- 14
- 袋口紙型參見P.78
- 43　外口袋接縫位置
- 袋身
- 7
- 14
- 102
- 42
- 43
- 1
- 44　16.5　16.5
- 肩背帶
- 返口　12
- 1
- 14
- 39
- 9
- 41

〔不同花色款〕

〔完成尺寸〕
寬42cm×長43cm×側幅14cm×肩背帶78cm

〔材料〕
〔基本款〕
布料　原色布　寬77cm×長102cm
　　　素面淺綠色布　寬74cm×長102cm
　　　印花布　寬36.5cm×長26cm
直徑3cm的包釦　2組
強力接著劑
〔不同花色款〕（無口袋）
布料　袋身　寬77cm×長102cm
　　　裡袋　寬44cm×長102cm
★不同花色款的袋身與裡袋皆僅用同一款布料。

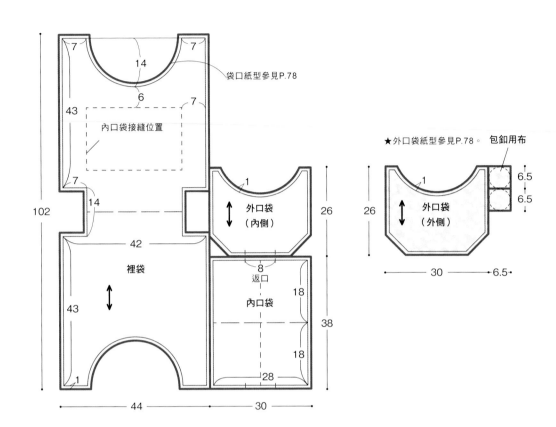

袋口紙型參見P.78

內口袋接縫位置

外口袋
（內側）

裡袋

內口袋
返口
8

★外口袋紙型參見P.78。　包釦用布

外口袋
（外側）

102
43
7
14
6
7
7
14
42
43
1
44
30
1
26
18
38
18
28
26
30
6.5
6.5
6.5
1

1. 裁剪布料

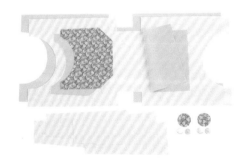

①以鉛筆或粉土筆在布上描繪裁切線，裁剪布料。
②以粉土筆在背面描繪車縫線。

2. 製作外口袋

返口
8

①布片正面相對疊合，預留返口後車縫。

在圓弧處
剪牙口

②僅單片的上端邊角剪去一個三角形，並
在圓弧處剪牙口。（目的在減少布片重
疊，呈現漂亮邊角。）

③在圓弧處剪0.5cm的牙口。

④自返口翻至正面以熨斗整燙。

⑤四周車縫壓線。

3. 將內口袋接縫於裡袋

①內口袋正面相對對摺，預留返口後車縫。
②自返口翻至正面以熨斗整燙，再置於裡袋上車縫固定。

4. 製作袋身＆裡袋

①袋身＆裡袋各自車縫脇邊並熨開縫份，再縫製出側幅。（參見P.40）

5. 接縫肩背帶

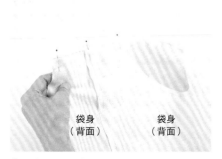

①袋身與單側肩背帶正面相對重疊縫合，另一側也依相同方式接縫肩背帶＆袋身。（共接縫四處）

②縫份倒向上側，以熨斗燙平。

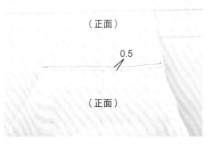

③在距縫線0.5cm處車縫壓線。接縫肩背帶處的作法皆同。

6. 縫合袋身&裡袋

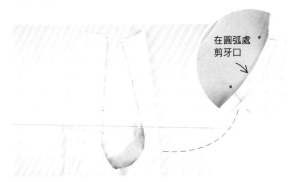

①袋身與裡袋正面相對疊合&以待針固定，
　並在圓弧處剪0.5cm牙口。

在圓弧處
剪牙口

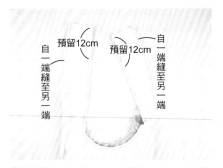

②肩背帶單側預留12cm後車縫，另一側則自
　一端縫至另一端。

預留12cm　預留12cm
自一端縫至另一端　自一端縫至另一端

③自返口翻至正面。

④熨開肩背帶的縫份，正面相對疊合&車
　縫。

1

⑤依完成尺寸以熨斗燙摺縫份。

7. 車縫壓線

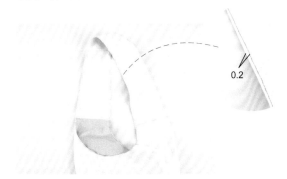

①在肩背帶及袋口四周車縫壓線。

0.2

8. 接縫外口袋

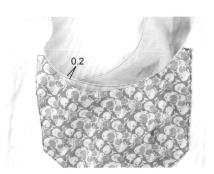

②外口袋對齊袋口的弧線車縫固定。

0.2

9. 製作包釦

①在直徑6.5cm的圓布片周邊進行平針縫後，置入包釦的上蓋。

0.2

②拉緊縫線將上蓋完全包覆。

POINT

推薦使用市售的
包釦材料包，
作法十分簡單又可愛。

③在背面塗抹強力接著劑。

④用力按壓黏上底蓋。

⑤完成！

⑥縫在外口袋上方的兩端。

〔 不同花色款 〕

北歐圖案手作包

〔 斜背包 〕

〔 基本款 〕

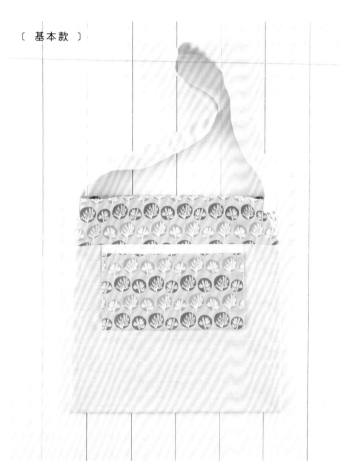

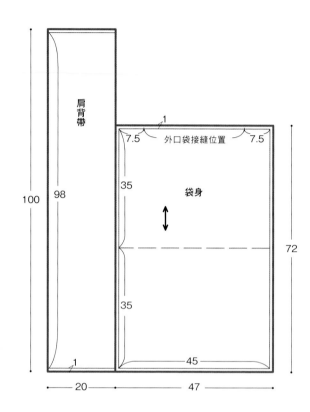

肩背帶

100

98

1

7.5　外口袋接縫位置　7.5

35

袋身

35

35

1

45

72

20　　47

〔 不同花色款 〕

〔完成尺寸〕
寬45cm×長45cm×肩背帶92cm

〔材料〕
〔基本款〕
布料　原色布　寬67cm×長100cm
　　　素面黃色布　寬79cm×長106cm
　　　印花布　寬79cm×長48cm
〔不同花色款〕（無口袋）
布料　袋身　寬67cm×長100cm
　　　裡袋　寬47cm×長92cm
★不同花色款的袋身＆裡袋皆使用同一款布
料，以各自裁剪再接縫的方式縫製而成，且
無口袋。

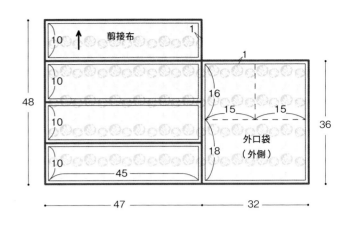

剪接布

10

48

10

10

10

45

16

15   15

外口袋
（外側）

18

47

32

36

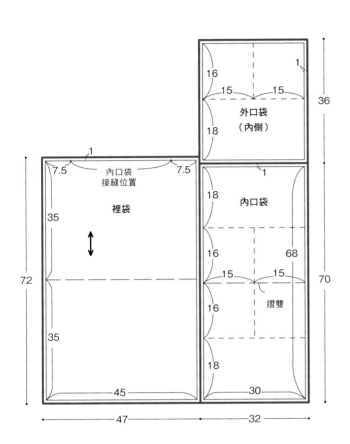

外口袋
（內側）

16

15   15

18

36

1

內口袋
接縫位置

7.5   7.5

裡袋

35

35

72

45

47

內口袋

18

16   68

15   15

16

18

摺雙

30

70

32

1

1．裁剪布料

①以鉛筆或粉土筆在布上描繪裁切線，裁剪布料。
②以粉土筆在背面描繪車縫線。

2．製作外口袋

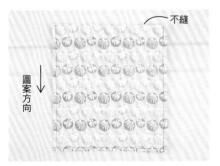

①素面與印花的外口袋布正面相對疊合，車
縫左右兩側＆底部。

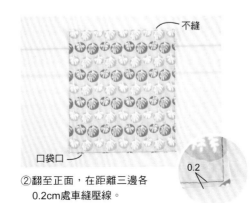

②翻至正面，在距離三邊各
0.2cm處車縫壓線。

③錯開3cm摺兩褶，再依編號順序車縫。

3. 將口袋&剪接布接縫於袋身

0.2

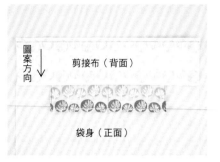

圖案方向

剪接布（背面）

袋身（正面）

①口袋&剪接布置於袋身的正面進行車縫。

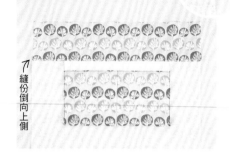

縫份倒向上側

②縫份倒向上側&車縫壓線。

③將另一邊的袋身與剪接布正面相對疊合車縫，並使縫份倒向上側車縫壓線。

4. 製作內口袋並接縫於裡袋

①依外口袋的要領製作。

縫份倒向上側

圖案方向

②將內口袋與剪接布置於裡袋的正面車縫固定，並使縫份倒向上側車縫壓線。

③將另一邊的裡袋與剪接布正面相對疊合車縫，並使縫份倒向上側車縫壓線。

5. 縫合袋身&裡袋

1

1

①袋身正面相對摺兩摺，車縫兩脇邊，再熨開縫份&摺疊袋口。裡袋作法亦同。

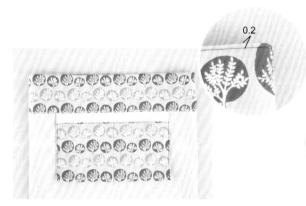

0.2

1

②將裡袋放進袋身內，在距離袋口0.2cm處車縫壓線。

剪接布若太薄，
也可以貼上布襯。

6. 製作肩背帶

①肩背帶摺四褶。先將上下端各內摺1cm，
接著摺出左右側的正中心線，將兩側邊朝
中心線摺疊，再左右對摺。

②四周車縫壓線。

7. 將肩背帶接縫於袋身

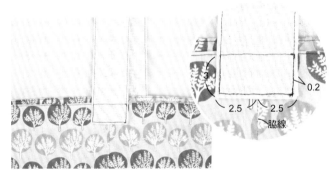

3
0.2
2.5   2.5
脇線

①將肩背帶的中心疊放於袋身的脇線上，車
縫固定。

〔 不同花色款 〕

北歐圖案手作包

〔 眼鏡盒 〕

〔 基本款 〕

〔完成尺寸〕
寬10cm×長19cm

〔材料〕
布料　袋身　寬23cm×長19cm
　　　裡袋　寬23cm×長19cm
口金　8.5cm
紙繩　11cm×2條
手藝用白膠　強力接著劑

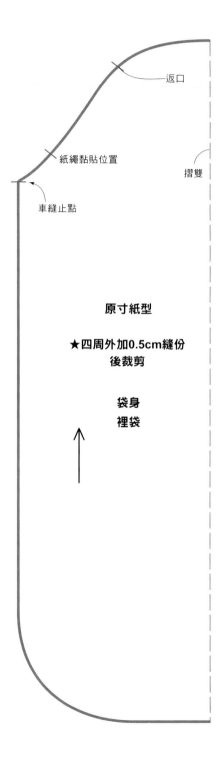

返口

紙繩黏貼位置

摺雙

車縫止點

原寸紙型

★四周外加0.5cm縫份
後裁剪

袋身
裡袋

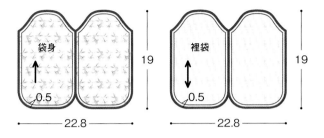

袋身 19

0.5

22.8

裡袋 19

0.5

22.8

1．裁剪布料

①以鉛筆或粉土筆在布上描繪裁
　切線，裁剪布料。
②以粉土筆在背面描繪車縫線。

2．製作袋身＆裡袋

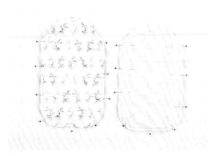

①袋身正面相對疊合＆以待針固定。裡袋作
　法亦同。

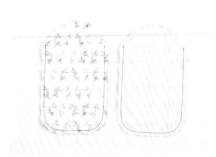

②車縫袋身。裡袋作法亦同。

以回針縫
將返口牢固縫合。

3. 縫合袋身 & 裡袋

①僅將裡袋翻至正面，整理形狀後放進袋身內。

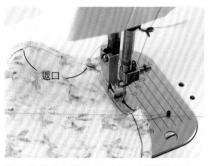

返口

②對齊袋身 & 裡袋的袋口，預留返口後車縫。

③相反側也依相同方式縫製。

④自返口翻至正面。

將裡袋放入袋身

⑤將裡袋放進袋身內。

⑥以木錐整理邊角形狀。

⑦以熨斗燙摺袋口並整理形狀。

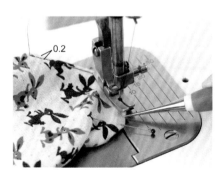

0.2

⑧車縫袋口側，返口也直接縫合。

請以木錐仔細地整理邊角形狀。

4．在袋口處黏貼紙繩

1.5

①以手藝用白膠將紙繩黏貼於裡袋的袋口處。待膠水乾後再黏上另一邊。

②靜置至完全乾燥。

5．裝接口金

①將口金溝槽塗上強力接著劑。

②以木錐從正中間開始，將袋身塞入溝槽。若有接著劑溢出要立刻擦掉。

③將袋身仔細地塞入，直到口金框邊端。

④靜置至完全乾燥。

⑤墊上擋布，以鉗子夾緊口金框的四個末端。

厚 底 書 袋

〔基本款〕（附內口袋）

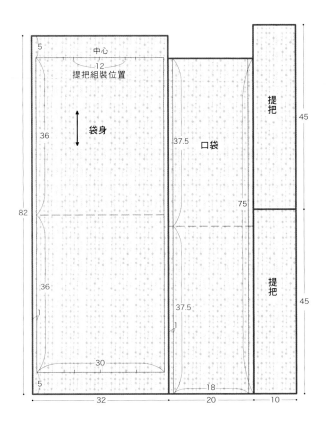

5
中心
12
提把組裝位置

↕ 袋身

36

82

36

1

30

5

32

37.5
口袋

75

37.5

1

18

20

10

提把
45

提把
45

〔完成尺寸〕
寬30×長33.5×側幅5cm×提把35cm

〔材料〕
布料　寬62×長90cm

1.裁剪布料

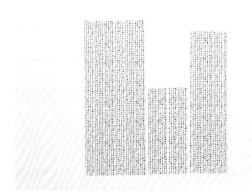

①以鉛筆或粉土筆在布上描繪裁切線，裁剪布料。
②事先以粉土筆在背面描繪車縫線。

2.製作提把

①首先壓出提把布的對摺線，再將兩側的布往對摺線內摺。

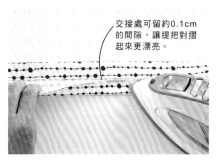

交接處可留約0.1cm的間隙，讓提把對摺起來更漂亮。

②另一側也如①摺疊並熨燙。

③再次將提把對摺、熨燙。

④以珠針固定後，一邊以錐子壓住布邊，車縫邊緣0.2cm處。

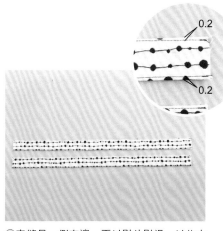

0.2
0.2

⑤車縫另一側布邊，再以熨斗熨燙。以此方式製作兩條提把。

利用此種作法，即使不黏貼布襯，也能製作出堅固耐用的提把唷！

POINT 始縫處及終縫處，都須進行回針縫。

3.製作口袋

①口袋布正面相對疊合，以珠針固定，車縫側邊。

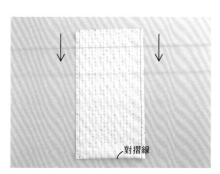

對摺線

②車縫兩側邊後，翻回正面。

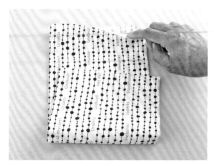

③以熨斗整理形狀，完成如圖所示的袋狀！

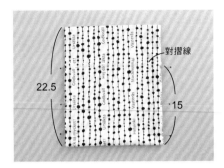

④對摺後以珠針固定。

⑤從口袋的袋口側開始,始縫處進行回針縫以確實固定,車縫邊緣0.2cm處。

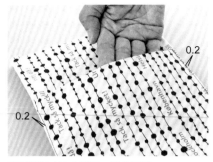

⑥以相同方法車縫另一側的側邊。

4.組裝提把

①以珠針固定提把在袋身正面,再垂直車縫至距袋口5cm處,提把的兩側都如此車縫固定。

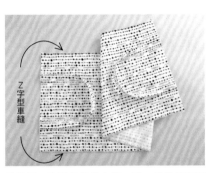

②將另一條提把組裝在另一側。提袋的兩個側邊,都進行Z字形車縫。

請注意,每當車縫好一處就要熨燙。雖然有點麻煩,不過這可是製作完美包包的祕訣唷!

5.車縫兩側邊

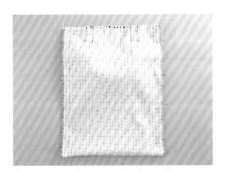

①正面相對對齊,以珠針固定兩側邊。

②車縫兩側邊。

③縫份倒向單側熨燙。(任一側皆可)

6.摺疊袋口

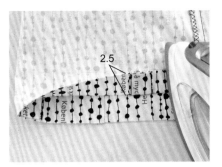

①首先,將袋口內摺一次。

②再內摺一次,使其成為內摺兩次的狀態。

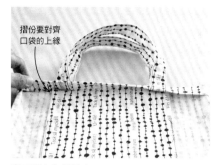

摺份要對齊口袋的上緣

③口袋夾入縫份中。

由於側邊起點處布料重疊,車縫起來較為困難,因此請從其他不明顯處開始車縫喔!

始縫點　0.2

④從包包裡側開始車縫,在距側邊縫線約1cm處始縫,完整地車縫一圈。

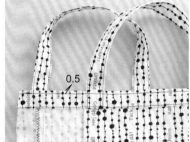

0.5

⑤在袋口邊緣0.5cm處,同步驟④再車縫一圈。

7.車縫側幅,翻回正面後整理袋角

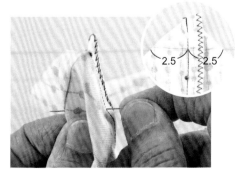

2.5　2.5

①對齊底線與側邊,以珠針固定。

②測量側幅長度,再畫一條與側邊垂直的直線後車縫。

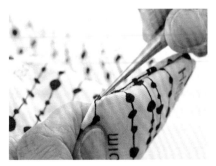

③翻回正面,以錐子整理袋角。

LESSON

厚 底 書 袋

〔PVC防水布〕

〔橫長款〕

〔完成尺寸〕
寬36×長27.5×側
幅5cm×提把35cm

〔材料〕
PVC防水布料
寬58×長70cm
寬度0.5cm的
布用雙面膠

〔縱長款〕

〔完成尺寸〕
寬30×長33.5×側
幅5cm×提把35cm

〔材料〕
PVC防水布
寬52×長82cm
寬度0.5cm的
布用雙面膠

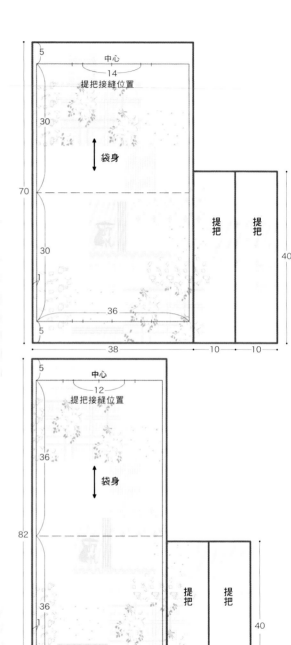

34

1.裁剪布料

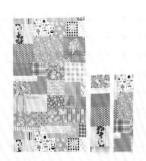

①以鉛筆或粉土筆在布上描繪裁切線，裁剪布料。
②事先以粉土筆在背面描繪好縫份。

2.更換縫衣機的壓布腳

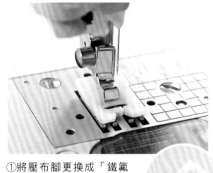

①將壓布腳更換成「鐵氟龍壓布腳」。在車縫阻力大的布料時，是不可或缺的好幫手喔！

3.製作提把

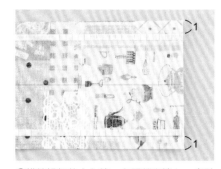

①描繪提把的中心線，在距離布邊1cm處貼上布用雙面膠帶。

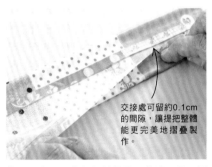

交接處可留約0.1cm的間隙，讓提把整體能更完美地摺疊製作。

②將側邊的布往對摺線摺疊、黏貼。另一側也如法炮製。

③再次將提把對摺，以夾子固定。

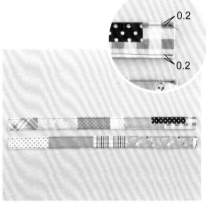

0.2
0.2

④一邊卸除夾子，一邊車縫邊緣0.2cm處。以此方式製作兩條提把。

4.車縫側邊＆袋口

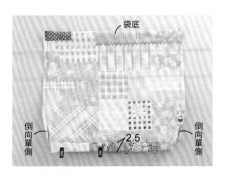

袋底

倒向單側
2.5
倒向單側

①正面相對重疊，車縫兩側邊。縫份倒向單側（參閱P.12），袋口內摺一次，以夾子固定。

②再次將袋口往內摺疊，變成內摺兩次。

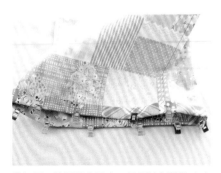

③如圖，整圈都夾固定。靜置片刻讓防水布產生摺痕，車縫作業就能更加順利。

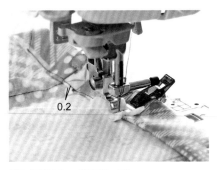

④在邊緣0.2cm處車縫一圈。

⑤袋口車縫完成。

固定在內側
不醒目處

⑥以珠針在提把組裝位置上標註記號。

5.組裝提把

提把末端處
可直接剪斷

①提把的中央處貼上布用雙面膠帶。

2.5

對齊此線

②對齊提把末端和袋口縫份布端，進行車縫。

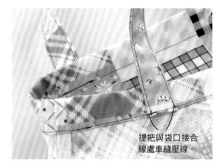

提把與袋口接合
線處車縫壓線。

③車縫與袋口縫線相同位置。

0.5

④從正面開始，在袋口邊緣0.5cm處車縫一圈，另一條提把作法相同。

⑤提把組裝完成。

⑥進行抓底，車縫製作側幅。（參閱P.33）

厚 底 書 袋

〔提把加長款〕

3.5

〔織帶提把款〕

〔完成尺寸〕
寬30×長33.5×側幅
5cm×提把57cm

〔材料〕
布料　寬52×長82cm
寬1.2cm的花邊織帶
61cm
※花邊織帶縫法請參
閱P.41。

〔完成尺寸〕
寬30×長33.5×側幅
5cm×提把57cm

〔材料〕
布料　寬32×長82cm
寬1.5cm的棉質織帶
134cm
※袋身的裁剪圖請參
考上圖。

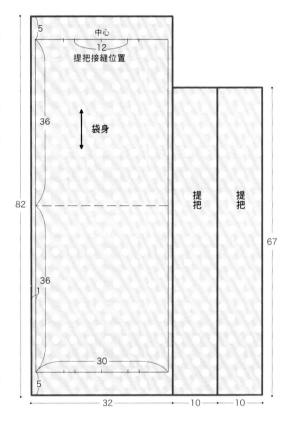

5　　　　　中心
12
提把接縫位置

36　　　袋身

82

提把　　提把

67

36

1

30

5

32　　　　10　　　10

★作法請參閱P.30至P.33

各種織帶

也可以利用各式織
帶作為提把唷！

托特包

〔迷你款・附磁釦〕

〔基本款〕

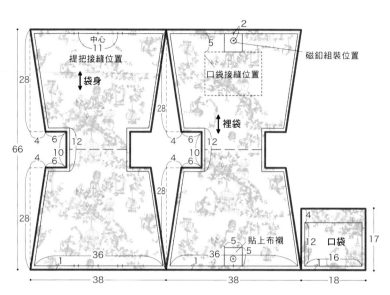

中心
11
提把接縫位置
袋身
28

2
5
磁釦組裝位置
口袋接縫位置
裡袋
28

4 6 12
10
4 6
66

4 6 12
10
4 6

28

28

5 貼上布襯
1 36
1 36 5

4
12 口袋
16
17

38
38
18

〔完成尺寸〕
寬36×長26×側幅12cm×提把32cm

〔材料〕
布料（袋身・裡袋）　寬95×長67cm
布襯（厚質）　寬44×長67cm
寬1.2cm的皮革　36cm　2條
寬2cm的花邊織帶　73cm
直徑1.4cm的磁釦　1組

1.裁剪布料

〔不同花色款〕

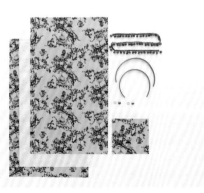

①以鉛筆或粉土筆在布上描繪裁切線，裁剪布料。（袋身部
　分，以39×67cm粗裁，裡袋也如上述尺寸裁剪）
②事先以粉土筆在背面描繪車縫線。

2.袋身貼布襯

①布襯貼在粗裁後的袋身。

②待降溫後，描繪袋身尺寸。

③裁剪袋身，再描繪縫份。

3.組裝口袋

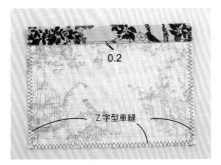

①除了口袋袋口以外的三邊，均進行Z字形車縫，袋口部分內摺兩次（參閱P.8）。

②依圖中數字順序，內摺三邊。

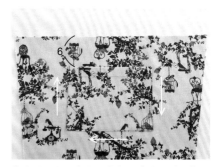

③珠針固定口袋在裡袋上後車縫。（口袋口以回針縫確實縫合）

4.安裝磁釦

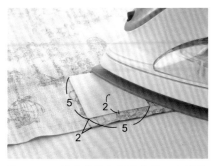

① 5×5cm的布襯貼在裡袋背面。在邊緣2cm處，標註一個中心點記號。

②磁釦的釦帽對齊中心點記號，再標註兩個直孔位置記號。

③以剪刀剪出切口。

④磁釦的釦爪從正面穿過切口。

⑤穿過釦爪，放上釦帽。

⑥以鉗子等工具將釦爪往外側摺彎。

⑦墊上墊布後，以鉗子確實壓平釦爪。

⑧另一邊磁釦的組裝方法相同。

⑨組裝完成。

5.車縫裡袋側邊 & 側幅

①正面相對，以珠針固定兩側邊後車縫。

②以熨斗熨開縫份，對齊側幅與袋底，以珠針固定後車縫。

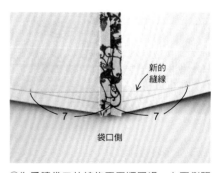

③為了讓袋口的線條更平順圓滑，在兩側距中心7cm處畫出一條新的平滑縫線。

6.提把組裝於袋身

①以夾子暫時固定提把於組裝位置上,提把要超出袋口2cm。

②車縫袋口邊緣約0.5cm處。

③另一側作法相同。

7.製作袋身再縫合裡袋

①與製作裡袋相同要領,先車縫袋身側邊及側幅,重整袋口線條,袋口縫份向內摺。

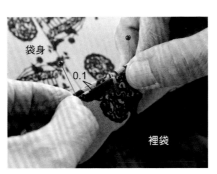

②將裡袋放入已翻回正面的袋身,對齊袋口後,以珠針固定。此時裡袋要留出約0.1cm的空間,再加以對齊。

③距離袋口邊緣0.5cm處,車縫一圈。

8.縫組花邊織帶

①花邊織帶蓋住縫線約0.2cm,以珠針固定。

②在車縫線同位置處,車縫一圈。(實際應使用與織帶同色的線材)

托特包

〔橫長款‧附束口繩〕

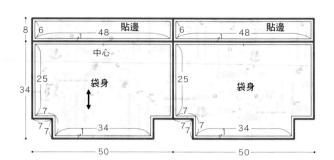

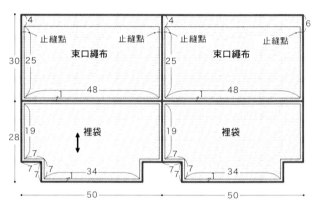

★ 提把接縫位置刊載於P.78。

〔完成尺寸〕
寬48×長25×側幅14cm×提把25cm

〔材料〕
布料　袋身　寬100×長42cm
　　　裡袋　寬100×長58cm
布襯（厚質）寬100×長34cm
寬0.4cm的圓繩　1m　2條
長36cm的提把　1組

1.裁剪布料

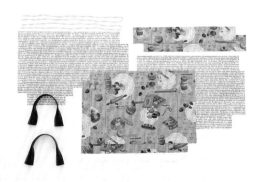

①以鉛筆或粉土筆在布上描繪裁切線，裁剪布料。
②事先以粉土筆在背面描繪車縫線。

2.製作袋身

如果布料沒有很大，就
先將布料依紙型剪下，
再貼上布襯唷！
（P.45作法亦同）

①袋身貼上布襯。

②正面相對車縫兩側邊及底部，再熨開縫
份，車縫側幅（參閱P.40）。接著，翻回
正面備用。

3.製作束口繩布

①在束口繩布的兩側邊上進行Z字形車縫，
再正面相對，車縫側邊直到止縫點，成為
直筒狀。

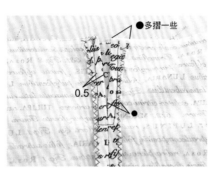

②以熨斗熨開兩側邊的縫份，再如圖車縫固
定縫份。

③袋口的縫份內摺兩次（參閱P.8），再從內
側將袋口車縫一圈。

4.縫組貼邊於束口繩布&裡袋

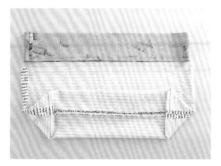

④貼邊正面相對車縫。裡袋也正面相對車縫
兩側邊、袋底，再熨開縫份，抓底縫製側
幅。（參閱P.40）。

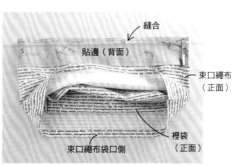

①裡袋及束口繩布翻回正面並疊合，再與貼
邊正面相對後車縫。

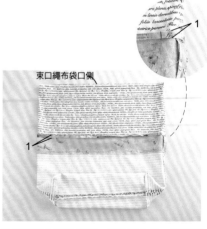

②裡袋再次翻回背面，將貼邊的袋口側摺至
完成線處。

5.縫合袋身&裡袋

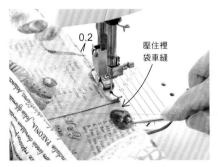

①將袋身的袋口摺到完成線後，再放入裡袋。接著車縫裡袋袋口邊緣0.2cm處，必須稍微壓住裡袋再車縫。

③取一股鈕釦手縫線，從提把內側入針，隱藏線頭，從提把正面出針。

⑥縫製到末端後，以相同要領往回縫製，再於不醒目處打終縫結。

6.縫組提把

①貼邊和束口繩布在接合處車縫一圈。描出方格紙型上的提把接縫位置，疏縫固定。先車縫下側。（作法從步驟②的上圖開始說明）

④針穿入背面。請確認線材是否確實穿在背面的記號線上，一邊進行縫製。

⑦提把組裝完成。

②拆下疏縫線，以珠針穿過兩端的洞，再以水消筆於內側畫一條直線。

⑤如此上、下、上、下，一針一針地以平針縫固定。

⑧可以在內側看見漂亮的提把縫線，再將圓繩穿過束口繩布即可（參閱P.75）。

托特包

〔橢圓底款・附磁釦〕

〔完成尺寸〕
寬32×長30×側幅12cm×提把48cm

〔材料〕
布料　袋身　寬68×長62cm
　　　裡袋　寬68×長53cm
布襯（厚質）寬68×長44cm
布襯（中厚）寬10×長6cm
直徑1.4cm的磁釦　1組
無光澤防水膠膜　50×16cm
寬0.5cm的布用雙面膠

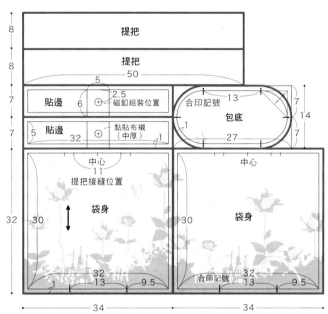

★ 包底的紙型刊載於P.79。

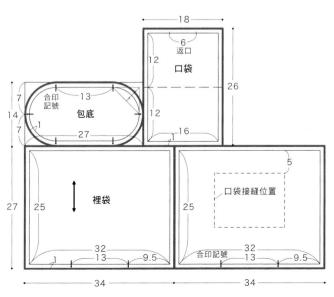

1.裁剪布料

①以鉛筆或粉土筆在布上描繪裁切線,裁剪布料。
②事先以粉土筆在背面描繪車縫線。

2.貼上布襯

整體黏貼

縫份處
不黏貼

①厚布襯黏貼在整片布料上,包底布
則避開縫份黏貼。

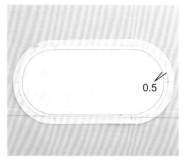

0.5

②車縫布襯邊緣0.5cm處備用。

3.縫組袋身&包底

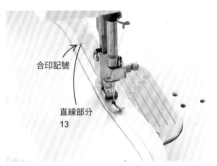

合印記號

直線部分
13

①袋身正面相對,車縫兩側邊再熨開縫份。
袋身及底部的合印記號正面相對對齊,先
車縫直線部分。另一側也以相同作法車
縫。

②剩下未車縫的圓弧部分,則以珠針間距細
密地固定。

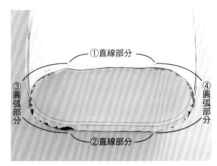

①直線部分
③圓弧部分
④圓弧部分
②直線部分

③從底側開始,逐一車縫四個圓弧部分。

4.縫組提把

①以熨斗貼合防水膠膜在布料正面。(參閱
P.6)

②剝除離形紙。

車縫時若有圓弧線條,
可先車縫直線,再車縫
圓弧部分,如此
就能完成一個漂亮的
作品囉!

③將布用雙面膠貼在提把上，由兩邊向對摺線內摺後黏貼。另一條作法相同。（參閱P.35）

④在兩端距離邊緣0.2cm處進行車縫。依此方式製作兩條提把。

5.組裝提把

①提把車縫於袋口0.5cm處。再將縫份內摺至完成線，加以熨燙。熨燙時請避開提把。

6.製作裡袋

①磁釦安裝在貼邊。（參閱P.39）

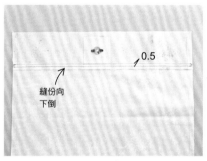

②貼邊及裡袋正面相對車縫。

縫份向
下倒

0.5

③縫份倒向單側，於距離邊緣0.5cm處進行壓線。

對摺線 5

9

0.2

④口袋布正面相對摺疊，預留返口＆車縫後，再翻回正面整理形狀，並車縫在裡袋上。

7.縫合袋身＆裡袋

⑤正面相對車縫兩側邊，再熨開縫份。以同樣要領縫合裡袋身及裡袋底。

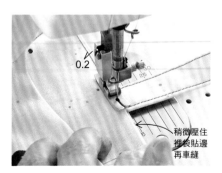

0.2

稍微壓住裡袋貼邊再車縫

①裡袋貼邊的袋口側內摺至完成線，再放入袋身，從袋口內側車縫壓線。

便當袋

〔拉鍊袋口・附保冷裡袋〕

〔基本款〕

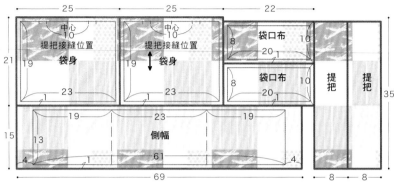

〔完成尺寸〕
寬23×長19×側幅13cm×提把33cm

〔材料〕
布料　寬88×長36cm
20cm開口式拉鍊　1條
保冷墊　寬34×長56cm
底板　寬22×長11.5cm
透明膠帶
釘書機

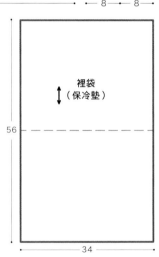

〔不同花色款〕

1.裁剪布料

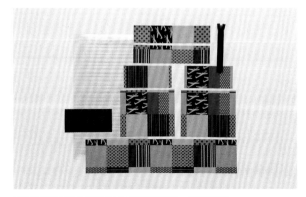

①以鉛筆或粉土筆在布上描繪裁切線，裁剪布料。
②事先以粉土筆在背面描繪車縫線。

2. 進行 Z 字形車縫 & 組裝提把

①在袋身、側幅及袋口布的四邊都進行 Z 字形車縫。

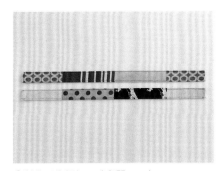

②製作兩條提把。（參閱P.31）

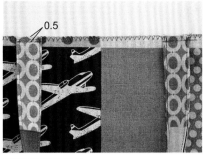

③提把組裝在袋身。

3. 縫組拉鍊於袋口布

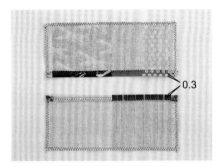

①摺疊袋口布上拉鍊組裝位置的縫份，在邊緣0.3cm處車縫。

②袋口布置於拉鍊上，以珠針固定在步驟①的縫線位置。

③沿步驟①縫線位置再車縫一次。

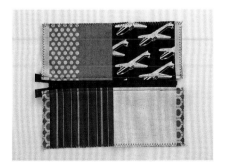

④以相同方法縫上另一片袋口布。

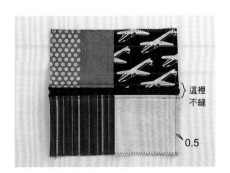

⑤兩側邊的縫份向內摺，車縫邊緣0.5cm處。（避開拉鍊不縫）

袋口布摺疊到完成線，先車縫一次，再車縫拉鍊上去，如此組裝會更加順利唷！

4.袋口布縫組在袋身上

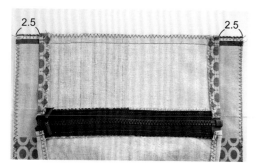

①袋口布及袋身正面相對車縫。

②和另一片袋身縫合。

③以熨斗從正面熨壓。

5.縫組側幅

④在邊緣0.5cm處進行車縫壓線，如上圖從左端車縫到右端。另一側作法相同。

⑤翻回正面，在邊緣0.2cm處車縫壓線。

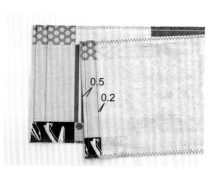

①側幅兩端縫份內摺兩次（參閱P.8）。先車縫邊緣0.2cm處，再車縫袋口邊緣0.5cm處。

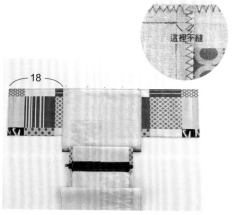

②袋身與側幅正面相對，以珠針固定後車縫，縫份處則避開不縫。

③逐一對齊側幅左右未車縫的部分與袋身，車縫固定。

④先縫合其中一側，另一側作法相同。

6.整理布角

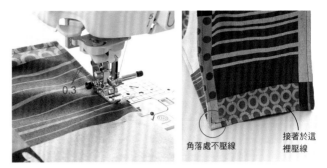

①以錐子從正面逐一挑出布片縫合處,以珠針固定。

②三個邊從正面距邊緣0.3cm處車縫壓線,側幅的底部也進行壓線。

7.製作保冷裡袋

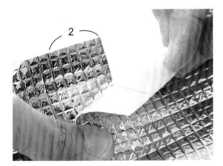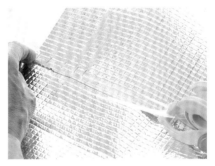

①正面朝外,側邊重疊2cm。

②將釘書機推到最底再釘起來,大約固定五處。

③以透明膠帶,從上往下貼合。另一片作法相同。

④將底部往內摺10cm,作成側幅,再以釘書機固定三處。

⑤以透明膠帶貼合。

⑥將底板放入便當袋,接著放入保冷裡袋,摺疊好形狀即完成。

多功能手提包

〔基本款〕

〔不同花色款〕

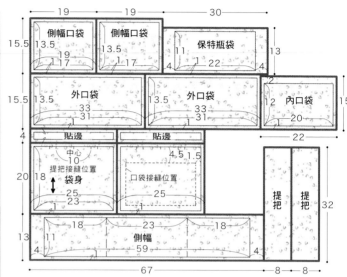

19	19	30

15.5　13.5　側幅口袋　　　13.5　側幅口袋　　　11　保特瓶袋　　13
　　　　　　19　　　　　　　　13.5　　　　　　　　4　　　22　　　4
　　　　1　17　　　　　　1　17

15.5　13.5　外口袋　　　　13.5　外口袋　　　　2　內口袋　　15
　　　　　　33　　　　　　　　　　33　　　　　12　　20
　　　　　31　　　　　　　　　　31　　　　　　1

4　貼邊　　　　　貼邊　　　　　　　　　　22

　　　　中心
　　　　10　　　　　　　4.5　1.5
　提把接縫位置
20　18　袋身　　　　　口袋接縫位置　　提把　提把　32
　　　　25　　　　　　　　25
　　　1　23　　　　　　1

13　11　　18　　　23　　　18　側幅
　　　4　　　　　　59　　　　　4　　4
　　　　　　　　　67　　　　　　8　8

〔完成尺寸〕
寬23×長18×側幅11cm×提把30cm
（保特瓶袋為500ml容量用）

〔材料〕
布料　防水布料　寬88×長68cm
寬0.5cm的布用雙面膠
透明膠帶

可提著上健身房！

也適合帶寵物去
散步時使用唷！

1. 裁剪布料

部件很多時，可在布料背面貼上寫著部件名字的紙片，就不容易搞混囉！

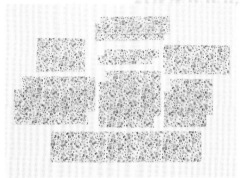

①以鉛筆或粉土筆在布上描繪裁切線，裁剪布料。
②事先以粉土筆在背面描繪車縫線。

2. 製作提把

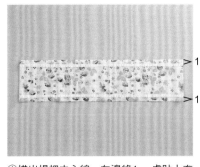

①描出提把中心線，在邊緣1cm處貼上布用雙面膠。

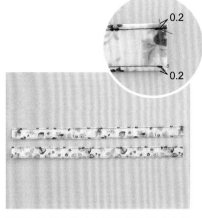

②兩側邊的布往中心線內摺黏貼（參閱P.35），並車縫兩側邊緣0.2cm處。以此方式製作兩條提把。

3. 提把組裝在袋身

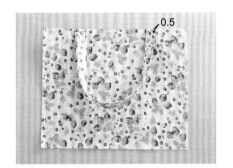

①提把縫組在袋身。

4. 製作貼邊＆縫組在袋身

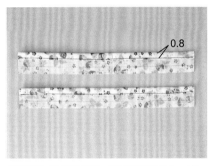

①貼邊內摺至完成線，並車縫邊緣0.8cm處。

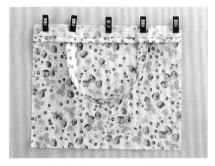

②袋身與貼邊正面相對，以夾子固定。

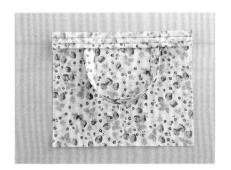

③縫合。

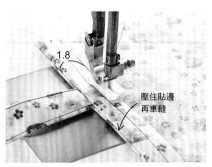

④貼邊翻回正面，車縫邊緣1.8cm處，稍微壓住貼邊再車縫。

壓住貼邊再車縫

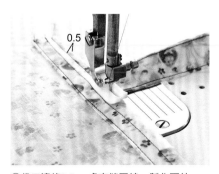

⑤袋口邊緣0.5cm處車縫壓線。製作兩片。

5. 製作＆組裝內口袋

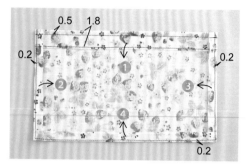

①將內口袋布內摺至完成線，車縫後備用。

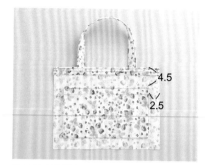

②以透明膠帶暫時固定內口袋在袋身的組裝位置。

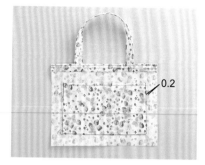

③沿著邊緣0.2cm處再次車縫。

6. 製作＆組裝外口袋

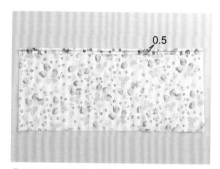

①口袋口內摺至完成線，車縫邊緣0.5cm處。

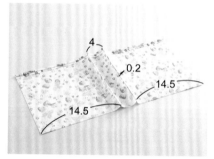

②如圖摺出褶襉，從背面車縫摺山邊緣0.2cm處。

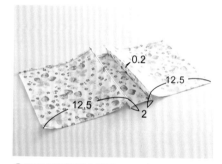

③從正面車縫摺山邊緣0.2cm處。

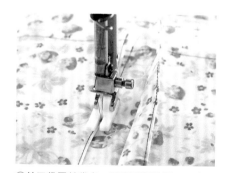

④外口袋置於袋身，展開側幅的褶份，車縫中心線。

⑤依上圖號碼順序車縫周圍。製作兩片外口袋。

⑥如此內口袋也產生分隔線了。

7.車縫側幅兩端

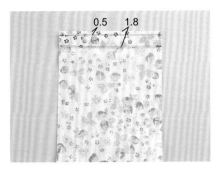

0.5　1.8

①側幅兩端內摺兩次（參閱P.8），分別車縫
　邊緣1.8cm及0.5cm處。

POINT

貼布用雙面膠時，
記得要避開車縫處。
若車針縫到布用雙面膠，
會變得黏答答的唷！

8.製作 & 組裝保特瓶袋

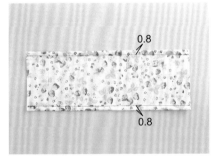

0.8

0.8

①上、下兩端都內摺至完成線，車縫邊緣
　0.8cm處。

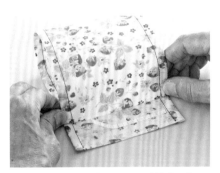

②縫份處貼上布用雙面膠，布料彎成環狀。

③從內側車縫重疊部分。

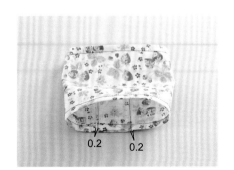

0.2　0.2

④如圖，車縫兩條線。

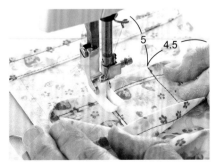

5　4.5

⑤將保特瓶袋置於側幅背面的其中一邊，以
　布用雙面膠暫時固定。

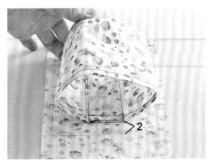

2

⑥沿著步驟④的縫線再次車縫固定。

9.製作&組裝側幅口袋

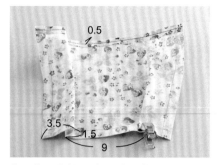

①口袋口內摺至完成線，車縫距離邊緣0.5cm處。

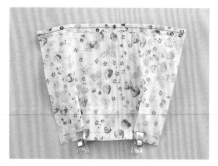

②如圖摺出褶襉，以夾子固定。

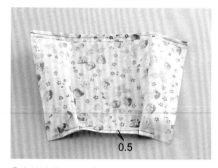

③車縫邊緣0.5cm處以固定褶襉。

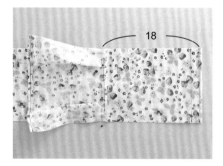

④側幅口袋置於側幅上，以珠針固定。（珠針應沿著縫線別上）

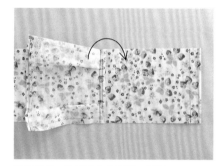

⑤車縫後，往箭頭方向翻摺、熨壓。

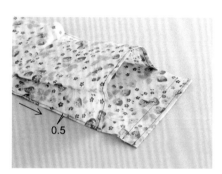

⑥對齊兩側邊後車縫。另一邊也組裝上側幅口袋。

10.縫合袋身&側幅

①包底及側幅正面相對車縫。

②車縫組裝另一片。

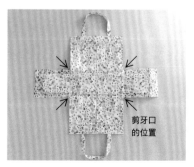

③正面外觀如圖所示。

縫合脇邊口袋的車縫線

0.7

④側幅的角落剪出0.7cm的牙口（四個角都剪開）。

⑤布料正面相對，逐一縫合布片。

⑥四個角都縫合後，如圖所示。

11. 翻回正面 & 車縫壓線

①翻回正面後，整理形狀。

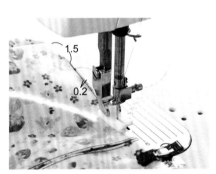

1.5

0.2

②夾住袋身下方的邊角，車縫壓線。

角落部分不車縫，保持自然的樣子也OK

③袋身、側幅兩側也都車縫壓線。

12. 袋口四角車縫壓線

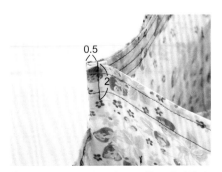

0.5

2

①夾住袋口的邊角，車縫壓線。（手縫也可）

在進行車縫邊角前，可先用夾子固定靜置一個晚上，讓它產生褶痕，如此車縫會更加順利喔！

祖母包

〔基本款〕

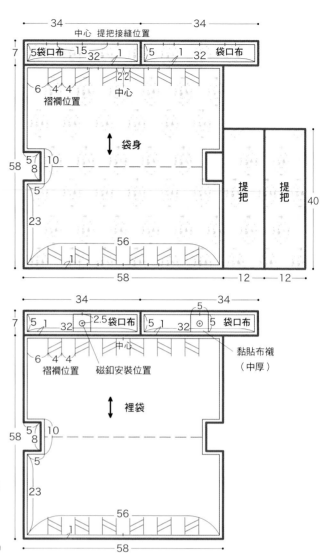

〔不同花色款1〕

〔不同花色款2〕

〔完成尺寸〕
寬46×長28×側幅10cm×
提把38cm

〔材料〕
布料　袋身　寬83×長66cm
　　　裡袋　寬68×長65cm
布襯（薄質）寬59×長59cm
　　（中厚）寬80×長10cm
直徑1.4cm的磁釦　1組

1.裁剪布料

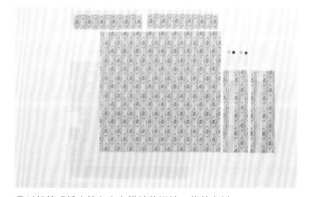

①以鉛筆或粉土筆在布上描繪裁切線，裁剪布料。
②事先以粉土筆在背面描繪車縫線。

2.黏貼布襯

①袋身粗裁為59×59cm的大小，再貼上薄布襯。

②在袋身的兩片袋口布黏貼中厚布襯。

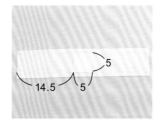

③在兩片裡袋袋口布的磁釦組裝位置上黏貼5×5cm的中厚布襯。

④兩片提把布黏貼40×2.9cm的中厚布襯。

3.摺疊＆車縫褶襉

①袋身依P.58圖的尺寸剪下，描繪出褶襉的位置。

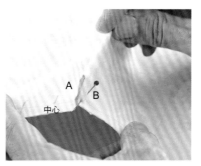

②從右邊開始摺疊。對齊A點和B點後，以珠針固定。

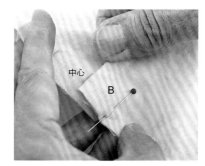

③褶份倒向中心。

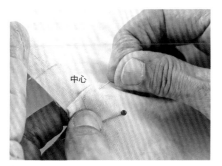

④以珠針固定褶襉。

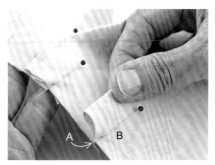

⑤接下來的褶襉也對齊A點、B點，褶份倒向中心，以珠針固定。先摺好右側褶襉。

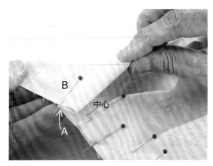

⑥左側褶襉也與右側作法相同，進行摺疊。

⑦全部以珠針固定。

⑧正面外觀如圖所示。

⑨車縫褶襇。另一片及裡袋作法相同。

4.縫合袋身＆裡袋

①袋身的兩側邊正面相對車縫，熨開縫份後，再車縫側幅（參閱P.40），最後翻回正面備用。

②裡袋與袋身作法相同。

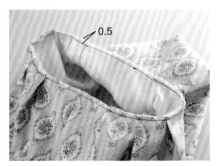

③將裡袋放入袋身，縫合袋口。

5.製作提把＆組裝

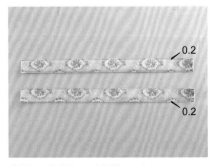

①製作兩條提把。（參閱P.31）

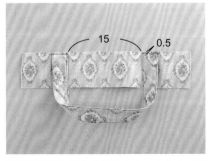

②提把縫組在袋身的袋口布上，依此方法製作兩組。

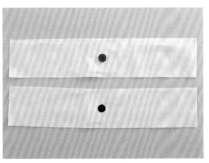

③將磁釦安裝在裡袋的袋口布上。（參閱P.39）

④袋身及裡袋袋口布各自正面相對，對齊兩側邊後車縫，成為一個環狀。

⑤熨開縫份，裡袋袋口布翻回正面，放入袋身袋口布，縫合袋口處。

稍微熨壓

⑥翻回正面熨燙袋口，裡袋袋口布也需熨燙。

6.袋口布組裝在袋身

0.5

⑦邊緣0.5cm處車縫壓線。

袋身袋口布（背面）

①袋身袋口布與袋身正面相對對齊，以珠針固定。

②進行縫合。

③拉出袋口布，裡側的縫份向上倒。

對齊此線後摺疊

④裡袋袋口布對齊縫線後摺疊。

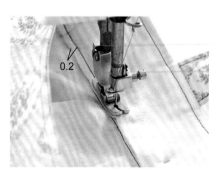

0.2

⑤車縫內側邊緣0.2cm處。

旅行包＆收納小袋

〔基本款〕

〔完成尺寸〕
（旅行包）寬53×長33×側幅18cm×
　　　　　提把60cm
（收納小袋）寬32×長22cm

〔材料〕
防水布料　寬91×長86cm
寬3.8cm的聚酯纖維織帶　270cm
直徑1.4cm的磁釦　2個
30cm、50cm的拉鍊　各1條
寬0.5cm的布用雙面膠

旅行包摺疊後，
就可以放進收納小袋

〔不同花色款〕

也可利用磁釦，將
袋口摺下來唷!!

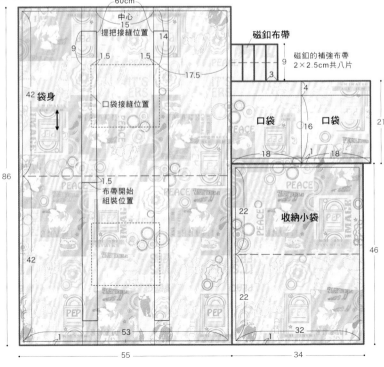

提把
60cm

中心
15
提把接縫位置

14

9

1.5　1.5

17.5

42 袋身

口袋接縫位置

磁釦布帶

磁釦的補強布帶
2×2.5cm共八片

3

4

口袋　口袋

21

16

18　18

1

86

1.5

布帶開始
組裝位置

22 收納小袋

46

42

22

1
53

1
32

55

34

1.裁剪布料

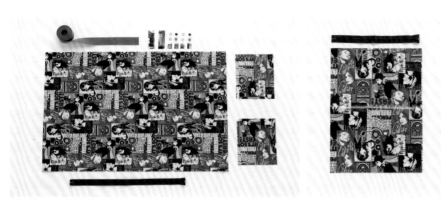

①以鉛筆或粉土筆在布上描繪裁切線,裁剪布料。②事先以粉土筆在背面描繪車縫線。

2.製作＆組裝口袋

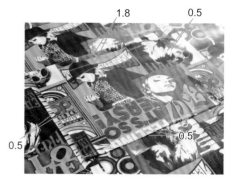

①袋口內摺兩次(參閱P.8),再於邊緣1.8cm處進行車縫。下線處摺疊縫份,兩端則直接於邊緣0.5cm處車縫壓線。

3.組裝提把

①在布料背面描繪提把接縫位置,提把側邊對齊記號,以珠針固定。

②以打火機稍微燒過織帶兩端,防止綻線。(請小心用火)

③織帶背面中央貼上布用雙面膠。底部記號線下方1.5cm處,織帶側邊對齊步驟①的珠針記號,再貼合起來。

④袋口邊緣6cm處別上珠針。

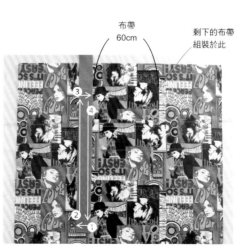

⑤依上圖中的號碼順序,車縫邊緣0.2cm處。

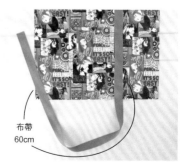

⑥另取1條60cm提把織帶,組裝在包包另一側。從頭至尾都進行車縫。

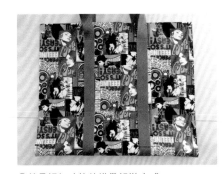

⑦取60cm提把織帶接著繞包包一圈,回到
起點,多餘的部分則疊合,車縫、組裝布
帶。

⑧兼具提把功能的織帶組裝完成。

①首先,組裝單側拉鍊。(參閱P.49)將
另一片布料置於拉鍊上,下方疊一張厚紙
板,以珠針固定。

5.車縫側邊 & 側幅

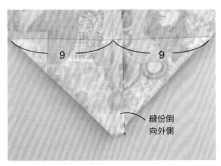

②沿著車線再車縫一次。

③車針刺入的狀態下,抬
起壓布腳,移動拉鍊頭
後再繼續放下壓布腳車
縫。

①車縫兩側邊。(拉鍊打
開)

②縫份倒向單側,車縫側幅。

6.製作磁釦布帶

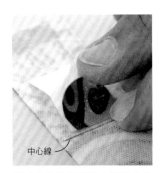

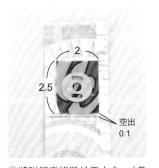

凸面

外側向內對摺,車縫邊緣0.2cm
處。

①以布用雙面膠貼合磁釦布帶
與補強布帶。

②將磁釦安組裝於正中央。(參
閱P.39)

③以布用雙面膠,貼上另一片
補強布帶。

凸面

布帶兩端內摺,以布用雙面膠
帶固定,再車縫兩側邊的邊緣
0.2cm處。

7.組裝磁釦布帶

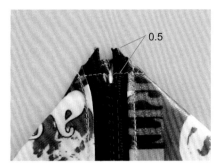

①如圖摺平拉鍊的末端後車縫。

②以布用雙面膠帶,將磁釦凹面貼在側邊。

③沿著車線再車縫一次。

④將磁釦凸面的布片包住步驟①的頂點到底,加以縫組。

⑤摺疊袋口後,磁釦可以扣合。

收納小袋

1.組裝拉鍊。(參閱P.49)

2.車縫兩側邊。
　(參閱P.64)

8.車縫提把中心

①對摺提把確認中心位置,以珠針標記。

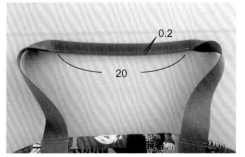

②留意提把的方向,將其對摺,車縫邊緣0.2cm處。(始縫處及終縫處,請進行三次回針縫)

布小物四件組

〔迷你手提袋、波奇包、筆袋（大・小）〕

〔四件組的裁剪配置圖〕

（波奇包P.68、筆袋（大）P.70、筆袋（小）P.72）

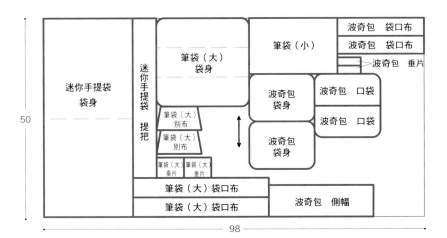

〔迷你手提袋〕

〔完成尺寸〕
寬21×長21cm×提把36cm

〔材料〕
防水布料　寬29×長50cm
寬0.5cm的布用雙面膠

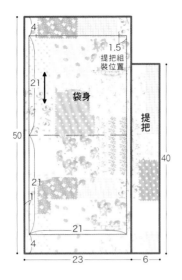

1.裁剪布料

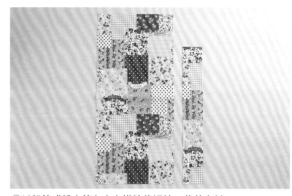

①以鉛筆或粉土筆在布上描繪裁切線，裁剪布料。
②事先以粉土筆在背面描繪車縫線。

2.車縫袋身

①袋身正面相對對摺，車縫兩側邊。

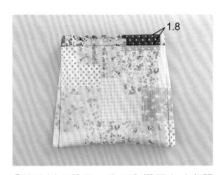

②縫份倒向單側，袋口內摺兩次（參閱P.8），車縫袋口邊緣1.8cm處。

3.製作提把

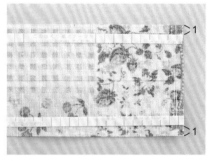

①描繪中心線，在邊緣1cm處貼上布用雙面膠。

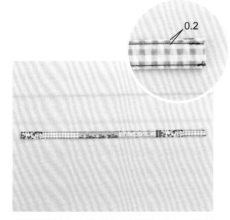

②兩側邊往中心線內摺（參閱P.35），車縫兩端邊緣0.2cm處。

4.組裝提把

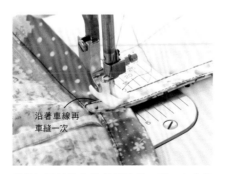

①提把置於沒有縫份摺疊的一側，車縫組裝。

沿著車線再車縫一次

②另一側作法相同，提把組裝於沒有縫份摺疊處。

布小物四件組

〔波奇包〕

〔完成尺寸〕
寬15×長10×側幅6cm

〔材料〕
防水布料　寬44×長32cm
20cm的拉鍊　1條

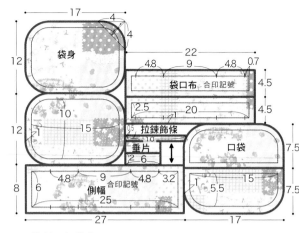

	17	4					

袋身

12

4

22

4.8　9　4.8　0.7

袋口布　合印記號

4.5

2.5　　20

4.5

10

15

12

1

拉鍊飾條

0.5

垂片

口袋

7.5

2　6

側幅

8　　6

4.8　9　4.8　3.2

合印記號
25

1　5.5　15

7.5

27

17

★袋身紙型刊載於P.79。

1.裁剪布料

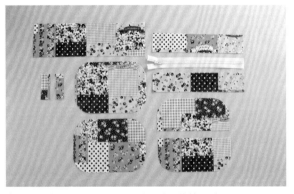

①以鉛筆或粉土筆在布上描繪裁切線，裁剪布料。
②事先以粉土筆在背面描繪車縫線。

2.車縫垂片

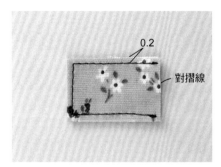

0.2

對摺線

①垂片背面相對對摺，車縫四周後備用。製作兩個。

3.拉鍊及垂片組裝在袋口布

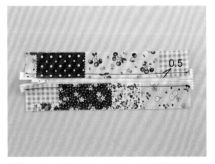

0.5

①袋口布內摺至完成線，車縫兩端邊緣0.5cm處（參閱P.72）。放上拉鍊後，再車縫一次相同位置。

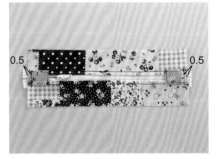

0.5　　　　0.5

②垂片組裝在拉鍊的兩端。

4.縫合袋口布及側幅

①袋口布及側幅正面相對縫合。

5.口袋組裝在袋身

②縫份及垂片倒向側幅，邊緣0.5cm處從正面車縫壓線。

①口袋口內摺至完成線，車縫邊緣0.5cm處。

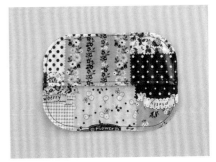

②口袋疊放在袋身上，車縫一圈。

6.縫合袋身＆側幅

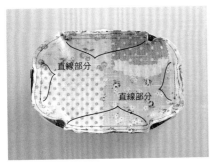

①袋身及側幅正面相對對齊，先縫合直線部分。（縫上口袋的那一邊為上方，是車縫袋口布的位置）

②在側幅圓弧處剪五至六個長0.7cm的牙口。

③依序車縫圓弧部分。（拉鍊拉開）

7.翻回正面後車縫壓線

①翻回正面，以夾子固定角落，車縫邊緣0.2cm處。

②另一側作法相同，但避開口袋口不車縫。製作拉鍊飾條後再組裝。（參閱P.73）

若口袋口或其他重疊之處較難車縫壓線，不車縫也可以唷！

布小物四件組

〔筆袋（大）〕

〔完成尺寸〕
寬22×長6.5×側幅7cm

〔材料〕
防水布料　寬35.5×長32cm
35cm的蕾絲雙開拉鍊　1條

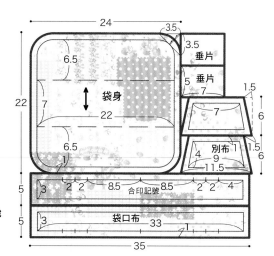

★袋身紙型刊載
　於P.79。

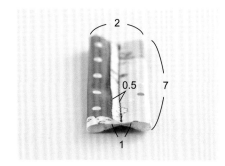

1.裁剪布料

①以鉛筆或粉土筆在布上描繪裁切線，裁剪布料。
②事先以粉土筆在背面描繪車縫線。

2.車縫垂片

①背面相對對摺，兩端重疊1cm，再車縫邊
　緣0.5cm處，製作兩組。

3.拉鍊及垂片組裝在袋口布

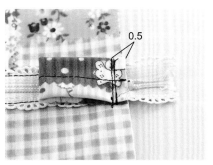

①袋口布內摺至完成線，車縫邊緣0.5cm處
　（參閱P.72），放上拉鍊後，沿著車線再
　車縫一次。

②另一片作法相同。

③對摺垂片，有縫線的一面朝內對摺，再車
　縫兩端組裝垂片於袋口布上。

4.縫合袋口布＆袋身

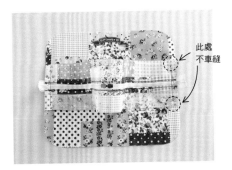

①袋口布及袋身正面相對車縫，縫份處則不車縫。

此處不車縫

②袋身縫份上剪0.7cm的牙口。

止縫點

0.7

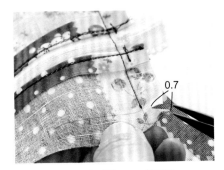

③在袋口布縫份上斜剪0.7cm的牙口。

0.7

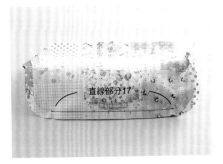

④先縫合直線部分。

直線部分17

⑤以珠針固定圓弧部分（針穿在表面看不到之處），再進行縫合。

⑥依序縫合圓弧部分。（拉鍊打開）

5.製作＆組裝別布

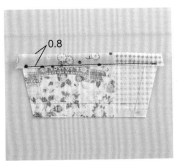

①別布內摺至完成線，並車縫邊緣0.8cm處。

0.8

②別布置於4的步驟①之處，車縫固定。

這裡不車縫

③兩側邊也對齊側幅的縫線後車縫。

POINT

如果不組裝別布，筆袋開啟時開口就會變得太大。

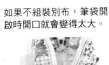

● 組裝別布的筆袋

● 沒有組裝的筆袋

71

布小物四件組

〔筆袋（小）〕

拉鍊飾條

14

6

1.5

6

袋身

20

1

10

23

0.5

〔完成尺寸〕
寬17.5×長3.5×側幅2.5cm

〔材料〕
防水布料　寬23.5×長14cm
20cm的拉鍊　1條

1.裁剪布料

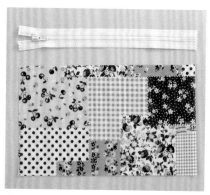

①以鉛筆或粉土筆在布上描繪裁切線，裁剪布料。
②事先以粉土筆在背面描繪車縫線。

2.組裝拉鍊

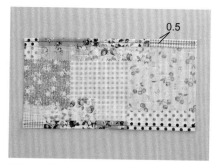

0.5

①上、下兩端內摺至完成線，車縫邊緣0.5cm處。

依圖序車縫

3

2

1

車縫❶處

②袋身置於拉鍊上，以夾子固定。

③先車縫單側，沿著步驟①的車線車縫。

④在車針刺入的狀態，抬起壓布腳，拉開拉鍊頭後車縫，最後再拉上拉鍊。

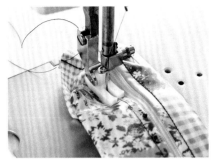

⑤由於另一片較難車縫，可先車縫拉鍊下端（約4cm）。

⑥拉開拉鍊，從另一側開始車縫，與步驟②接合。

3. 車縫側邊 & 側幅

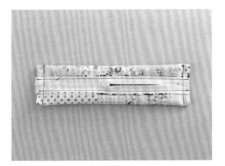

①正面相對後，車縫兩側邊。（拉鍊打開）

1.25

1.25

②車縫側幅。

③翻回正面，整理形狀。

4. 組裝拉鍊飾條

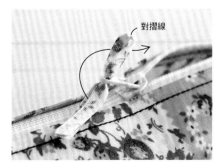

對摺線

①對摺布條，穿過拉鍊孔。

②末端打個單結，拉緊即可。

想在細長的圓筒狀物體上組裝拉鍊，祕訣就在於分成好幾次車縫！

束口袋

〔基本款〕

〔不同花色款〕

返口 不車縫
2.5
4
4
2.5
34
袋身
70
34
28
30
10
8繩擋
8繩擋

21
裡袋
44
21
28
30

1.裁剪布料

〔完成尺寸〕
寬28×長23.5×側幅8cm

〔材料〕
布料　袋身　寬40×長70cm
　　　裡袋　寬30×長44cm
直徑0.3cm的圓繩60cm　2條

①以鉛筆或粉土筆在布上描繪裁切線，
　裁剪布料。
②事先以粉土筆在背面描繪車縫線。

2.縫合袋身＆裡袋

10
不車縫

①袋身及裡袋皆保留返口不車
縫，袋身及裡袋正面相對後
車縫固定，縫份倒向裡袋備
用。

2.5
不車縫
8
2.5
不車縫

②對齊布邊接合處，重新摺
疊，以珠針固定後車縫。

4
4

③熨開縫份，車縫側幅。

④翻回正面。

3. 車縫袋口

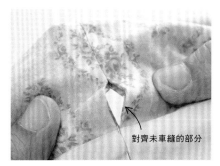

①放入裡袋，整理形狀。

對齊未車縫的部分

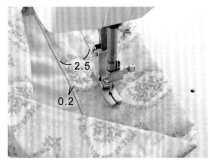

2.5

0.2

②先車縫接合處邊緣0.2cm處一圈，再車縫2.5cm處一圈。

③在未車縫部分的上、下兩端，各有一圈平行的車縫線。

4. 穿過束口繩

①使用穿繩器，穿入束口繩。（亦可用安全別針穿繩）

②穿過一圈後，從穿入口抽出。

③兩端打結。

④第二條束口繩穿入另一邊的穿繩口。

⑤同樣穿過一圈後，從穿入口抽出。

⑥穿好兩條不同的束口繩後，如圖所示。

5.組裝繩擋

①正面相對對摺，作成環狀後車縫，熨開縫份。

②如圖捏住上、下兩端，再翻回正面，使其成為對摺狀。

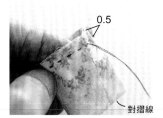

0.5
對摺線

③疊合兩片布邊，距邊緣0.5cm處以縮縫縫合。

④繩頭打結處穿過繩擋布，拉緊步驟③的縫線，針線來回穿過束口繩縫固定。

⑤將步驟④翻過來，以針挑起少量布穿過接縫處。

接著穿過此處

⑥針穿過對面的接合處拉緊，縫兩次。

⑦針挑起右中心點穿過步驟⑥的中心，再從左中心點穿出，縫兩次。

⑧繩擋製作完成。

1.裁剪布料

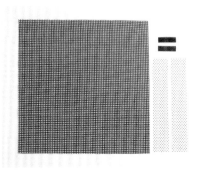

①以鉛筆或粉土筆在布上描繪裁切線，裁剪布料。
②事先以粉土筆在背面描繪車縫線。

2.車縫四邊

①縫份內摺兩次（參閱P.8），再將四個角摺成圖中的狀態。

0.2

②車縫邊緣0.2cm處。（袋口的那一邊要車縫至布邊為止）

3.製作提把

1

①兩端往中心內摺。（參閱P.31）

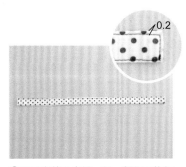

0.2

②如圖完整地車縫一圈。製作兩條相同的提把。

包袱式便當袋

〔men's〕　　　　〔lady's〕

可裝下
此種尺寸

8
10　18

8
9　14

作法說明從P.76開始。

★藍色字為men's尺寸

13(7.5)

13(7.5)

袋身

魔鬼氈
組裝位置

50　47

7(9)
(4.5)3.5
(4.5)3.5　中心
7(9)

提把接縫
位置

47

1.5

50

提把　提把

33

6　6

〔完成尺寸〕
寬47×長47cm

〔材料〕
布料　袋身　寬50×長50cm
　　　提把　寬12×長33cm
寬2cm的魔鬼氈（男用款6cm，女用款7cm）

4.確認提把接縫位置

珠針

①布料如圖對摺兩次，以珠針固
　定。

3.5

7

②從中心點向左3.5cm（男用
　款為4.5cm），再往上7cm
　（男用款為9cm），標註一
　個記號。

③以珠針別在步驟②的記號處，
　摺疊的四塊布片都作上記號。

④如圖，完成四個記號。

5.組裝提把

4.1
0.2

①提把內側對齊記號，末端則與摺線平行，車縫組裝提把。

6.摺疊兩個對角，組裝魔鬼氈

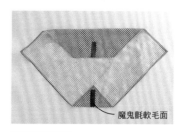

13
(7.5)

13
(7.5)

❶
❷

①布料翻回背面，無裝上提把的
　一側摺疊上下兩角成為腰長
　13cm的等腰三角形（男用款為
　7.5cm），車縫邊緣0.2cm處。

魔鬼氈軟毛面

②縫組魔鬼氈。

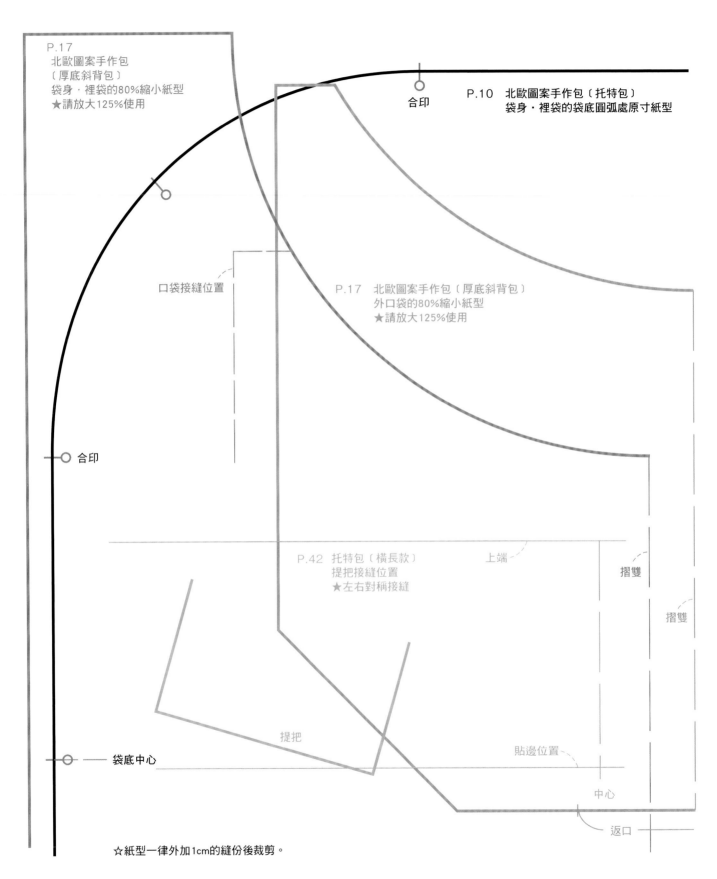

P.17
北歐圖案手作包
〔厚底斜背包〕
袋身・裡袋的80%縮小紙型
★請放大125%使用

合印

P.10　北歐圖案手作包〔托特包〕
袋身・裡袋的袋底圓弧處原寸紙型

口袋接縫位置

P.17　北歐圖案手作包〔厚底斜背包〕
外口袋的80%縮小紙型
★請放大125%使用

合印

P.42　托特包〔橫長款〕
提把接縫位置
★左右對稱接縫

上端

摺雙

摺雙

提把

貼邊位置

袋底中心

中心

返口

☆紙型一律外加1cm的縫份後裁剪。

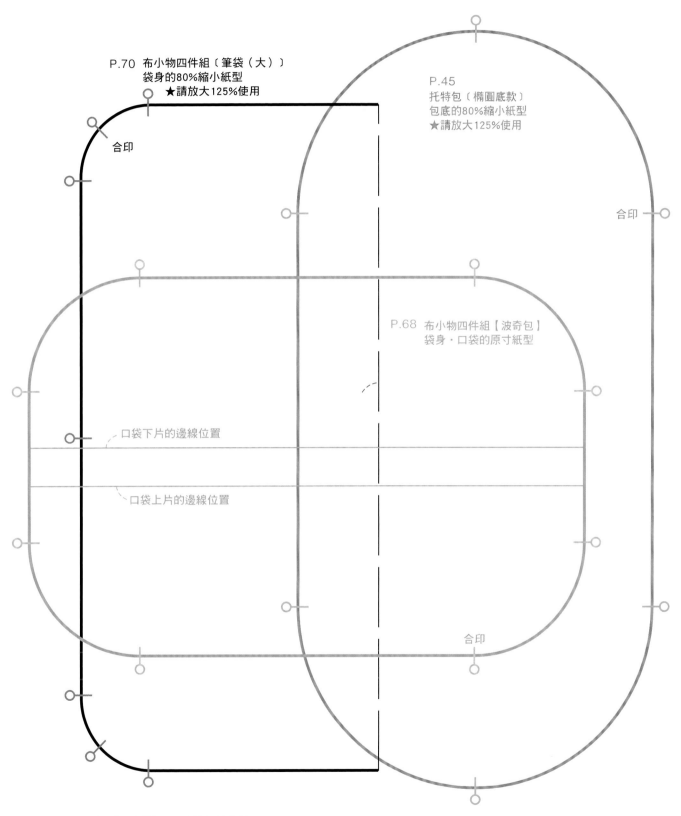

P.70 布小物四件組〔筆袋（大）〕
袋身的80%縮小紙型
★請放大125%使用

合印

P.45
托特包〔橢圓底款〕
包底的80%縮小紙型
★請放大125%使用

合印

P.68 布小物四件組【波奇包】
袋身・口袋的原寸紙型

口袋下片的邊線位置

口袋上片的邊線位置

合印

☆紙型一律外加1cm的縫份後裁剪。

【Fun手作】53

手作包基本功 ❷

超基礎×超詳解，手作包入門祕訣一次公開！（暢銷增訂版）

作　　者／梅谷育代
譯　　者／瞿中蓮・黃立萍
發 行 人／詹慶和
總 編 輯／蔡麗玲
執行編輯／陳姿伶
編　　輯／蔡毓玲・劉蕙寧・黃璟安・李佳穎・李宛真
執行美編／韓欣恬
美術編輯／陳麗娜・周盈汝
出 版 者／雅書堂文化事業有限公司
發 行 者／雅書堂文化事業有限公司
郵撥帳號／18225950　戶名：雅書堂文化事業有限公司
地　　址／220新北市板橋區板新路206號3樓
網　　址／www.elegantbooks.com.tw
電子郵件／elegant.books@msa.hinet.net
電　　話／(02)8952-4078
傳　　真／(02)8952-4084

2017年6月二版一刷　定價／280元

SHIN BAG ZUKURI NO KISO BOOK. 2 (NV80450)
Copyright © IKUYO UMETANI / NIHON VOGUE-SHA 2015
All rights reserved.
Photographer：Toshikatsu Watanabe
Original Japanese edition published in Japan by Nihon Vogue Co., Ltd.
Traditional Chinese translation rights arranged with Nihon Vogue Co., Ltd.
through Keio Cultural Enterprise Co., Ltd.
Traditional Chinese edition copyright © 2017 by Elegant Books Cultural
Enterprise Co., Ltd.

總 經 銷／朝日文化事業有限公司
進退貨地址／235新北市中和區橋安街15巷1號7樓
電　　話／(02)2249-7714
傳　　真／(02)2249-8715

國家圖書館出版品預行編目資料

手作包基本功2：超基礎¼超詳解，手作包入門祕訣一
次公開！（暢銷增訂版）/ 梅谷育代著;瞿中蓮譯.
-- 二版. -- 新北市：雅書堂文化, 2017.06
　面；　公分. -- (Fun手作 ;53)
ISBN 978-986-302-370-8(平裝)
1. 手提袋　2. 手工藝

426.7　　　　　　　　　　　　　　106007531

STAFF

攝影／渡辺淑克・森谷則秋（P.12 至P.31）
模特兒／ 鈴木悠
Book Design ／アベユキコ
製圖／安藤能子（fève ev fève）
編輯／大島ちとせ

用具協力

CLOVER株式会社
大阪市東成区中道3-15-5

愛包人の

基　礎　～　進　階　手　作　計　畫

【Fun手作】13

手作族一定要會的裁縫基本功

BOUTIQUE-SHA◎授權

定價380元

21×26 cm‧112頁‧彩色

【Fun手作】31

我的第一本手縫書

高野紀子◎著

定價280元

19×25.5cm‧128頁‧彩色＋單色

【Fun手作】33

手作包基本功
一次學會裁剪布料＆
布包縫紉技巧

梅谷育代◎著

定價280元

21×26cm‧88頁‧彩色

【Fun手作】67

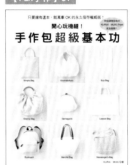

開心玩機縫！
手作包超級基本功

KURAI‧MUKI◎著

定價350元

21×26 cm‧82頁‧全彩

【Fun手作】75

手作人最愛的35款機縫手作包
（暢銷版）

日本Vogue社◎授權

定價350元

19×26cm‧96頁‧彩色

【Fun手作】86

第一次學會縫拉鍊作布包

水野佳子◎著

定價350元

21×26cm‧72頁‧彩色＋單色

【Fun手作】87

手作人最愛×拼布人必學！
39個一級棒口金包

越膳夕香◎著

定價350元

19×26cm‧80頁‧彩色＋單色

【Fun手作】89

初學拼接圖形的最強聖典！
一次解決自學拼布的
入門難題

日本Vogue社◎授權

定價380元

21×26cm‧96頁‧彩色

【Fun手作】91

手作人最愛的英式優雅風！
簡單可愛の皺褶繡布作
Smocking.24

日本Vogue社◎授權

定價350元

21×26cm‧72頁‧彩色＋單色

【Fun手作】92

法式少女風の
色彩×布料遊戲：
29個自然味手作包＆波奇包

日本Vogue社◎授權

定價350元

21×26cm‧72頁‧彩色＋單色

雅書堂
雅書堂文化事業有限公司
22070新北市板橋區板新路206號3樓
facebook 粉絲團:搜尋 雅書堂
部落格 http://elegantbooks2010.pixnet.net/blog
TEL:886-2-8952-4078 ‧ FAX:886-2-8952-4084

【Fun手作】93

棉×麻×帆布
自由車縫&手織32款拼接包

青木惠理子◎著
定價350元
19×26cm‧96頁‧彩色

【Fun手作】94

自然系手作Best.25選:
發覺素材美の混搭風手作包

金子真穗◎著
定價350元
21×26cm‧88頁‧彩色＋單色

【Fun手作】97

打造夢幻系居家雜貨好簡單!
Tilda's北歐縫紉好時光布作集

日本Vogue社◎授權
定價420元
21×26cm‧120頁‧彩色＋單色

【Fun手作】98

人見人愛の五顏六色布作
遊戲50選:Komihinataの
極上可愛小雜貨

杉野未央子◎著
定價280元
19×24cm‧96頁‧彩色

【Fun手作】107

Happy Zoo:
最可愛的趣味造型布作30＋

幸福豆手創館(胡瑞娟 Regin)◎著
定價350元
21×26cm‧120頁‧彩色

【Fun手作】109

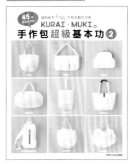

KURAI‧MUKIの
手作包超級基本功2

KURAI‧MUKI◎著
定價380元
21×26cm‧96頁‧彩色

【Fun手作】110

雜誌嚴選!
人氣手作包的日常練習簿

BOUTIQUE-SHA◎授權
定價380元
23.3×29.7cm‧104頁‧彩色

【Fun手作】112

一本制霸!再也不怕縫拉鍊
完美晉升手作職人的必藏教科書

日本Vogue社◎授權
定價380元
21×26cm‧88頁‧彩色＋單色

【Fun手作】114

白膠黏貼就OK!
簡單縫,好好作!
新手也能駕馭の
41個時尚特選口金包

河出書房新社◎授權
定價350元
19×26cm‧80頁‧彩色＋雙色

【Fun手作】115

簡單最好!手拿包の大好時代:
21個好用又好搭の隨身小包

河出書房新社◎授權
定價380元
19×26cm‧72頁‧彩色＋單色